改了吧，急性子

GAI LE BA
JI XING ZI

墨　非▶著

中国華僑出版社
·北　京·

图书在版编目（CIP）数据

改了吧，急性子 / 墨非著. — 北京 ：中国华侨出版社，2019.5

ISBN 978-7-5113-7834-7

Ⅰ. ①改… Ⅱ. ①墨… Ⅲ. ①性格—通俗读物 Ⅳ. ①B848.6-49

中国版本图书馆 CIP 数据核字（2019）第 068693 号

● 改了吧，急性子

著　　者 / 墨　非
责任编辑 / 姜薇薇　桑梦娟
责任校对 / 孙　丽
封面设计 / 环球设计
经　　销 / 新华书店
开　　本 / 670 毫米×960 毫米　1/16　印张 /17.5　字数 /210 千字
印　　刷 / 香河利华文化发展有限公司
版　　次 / 2019 年 6 月第 1 版　2019 年 6 月第 1 次印刷
书　　号 / ISBN 978-7-5113-7834-7
定　　价 / 39.80 元

中国华侨出版社　北京市朝阳区静安里 26 号通成达大厦 3 层　邮编：100028
法律顾问：陈鹰律师事务所　　编辑部：（010）64443056　64443979
发行部：（010）64443051　　传　真：（010）64439708
网　址：www.oveaschin.com　　E-mail：oveaschin@sina.com

PREFACE 前言

有人认为，性子急的人做事效率都很高，他们雷厉风行、火急火燎的行事风格，很容易将一件事办好。其实，这是急性子者心中无法言说的“痛”，他们中多数都是拖沓之人。他们遇事时的急躁并没有提升效率，相反则会因为缺乏计划性而使事情迟迟无法顺利完成。其实，遇事急于推进不是问题，可做事不尊重客观规律，不懂得脚踏实地，总想着急功近利，就是问题。

在为人处世上，急性子者说话办事往往都很急躁，刚开了头便想要结果，刚说了一句话便想要掌声。很多人也许觉得急性子不算什么，习惯就好了。其实不然，假如我们对急性子掉以轻心，控制不好，轻者会滋生浮躁心理，导致自身说话办事浅尝辄止，最终一事无成；重者会让自己成为急性子的奴隶，为情绪所俘虏，出现交际障碍，丧失感知幸福的能力。

很多人都是急性子的受害者，遇事容易冲动，不能理智地控制自己的脾气，无法理性地对待别人，特别是遇到一些不顺心或者看不惯的事情，就很容易发火，甚至和对方争吵，说出一些伤人的话，既伤害了别人，也伤害了自己。性子急、脾气火暴，对自己而言不是什么问题，可是，借着性子急去刻意伤人，不懂改变，一次次地挑战对方的忍耐底线，不断消耗身边的人的耐性就是问题。

与他人相对时，急性子者总是不那么受人欢迎，甚至还是众人排斥和厌恶的对象。这是因为他们只要情绪一上来，便什么也不顾及，口无遮拦，想说什么就说什么。要知道，不顾及他人感受随意飙“狠话”，那叫不成熟。

本书揭露了一个事实，即性子太急会让你一事无成、处处受阻。当然急性子并不是改变不了的，只要你找出性子急的原因及心理症结，并找到适合自己的调整和控制方法，便能对症下药，彻底改变自己。

希望本书能带给你一些有益的启示，使你的未来之路越走越宽广。

CONTENTS 目录

第一章 可怕的事实：个性太急会让你处处受阻

002 / 心急气躁会不断地招致“失败”

005 / 越是急于求成，越容易一事无成

008 /“未来”终会惩罚那些定力不足的人

011 /“感情用事”的后果你真的承担不起

014 / 既然“豆腐心”，何必“刀子嘴”

018 / 别让“着急上火”毁了你的优势

021 /“不幸人生”的根源：失意时冒进，得意时忘形

024 / 别因一时的冲动拉低了你的素养和水准

026 / 你不是性子太急，而是格局太小

第二章 你人生的“痛点”，全藏在内心深处：找准急性子的心理源头

030 / 别将“问题”复杂化，“后果”真没你想得那么糟

033 /“完美主义”是滋生急躁情绪的“温床”

037 /“敏感”所带来的急躁个性：别再与自己较劲儿
040 / 你不是性子急，而是“想要的实在太多”
043 / 太重的“得失”心，会让你一败涂地
046 / 毫无效率的“勤奋”，就是“瞎忙活”
050 / 将意念强加于人：不是别人心眼小，而是你情商低
053 / 你的焦躁不安，往往源于“攀比”
056 / 你内心真正急的，是对当下问题的“无能为力”
059 / 冲动、易怒多是智慧不够的“产物”

第三章 守嘴不惹祸，守心不出错：别成为他人排斥、反感的对象

064 / 失意时不快口，得意时不快心
066 / 争执是一场“稳输不赢”的比拼
069 / 有一种伤害叫痛彻心扉：别随意向人“飙”狠话
073 / 不要让你的“童言无忌”，伤害到他人
075 / 三思后再“开口”，不要口无遮拦
079 / 言不在多，点到为止
083 / 随意打断别人的话，会瞬间毁了你的“教养”
086 / 即便“得理”，也要“饶人”
088 / 不惹是非，不随意传播“流言”
091 / 固执让你遭殃，柔和使你顺畅

第四章 弱者易怒如虎，强者平静如水：安心静气地温养自己的性情

096 / 听到“逆耳之言”，切勿失态
100 / 不要为小事大动肝火

103 / 不在愤怒时做任何决定，也别带着情绪去处理问题
106 / 在 3 分钟内，将你的“火气”迅速灭掉
109 / 脾气上来时，请踩“急刹车”
112 / 学会与你不喜欢的人相处
114 / 憎恨只会让你变得更狂躁
117 / 修炼你的耐性，人生就多一些机会
121 / 遇事先忍一分钟，再动手去处理
124 / 化怒气为力量，激发你的潜能

第五章 沉得住气，方能成大器：急功近利无异于自毁前程

128 / 正悄悄毁掉你的，是急功近利
131 / 你要做的不是“找”，而是“等”
135 / 与其一味狂躁不安，不如耐心从头开始
137 / 要做一个踏实肯干的人
141 / 沉得低，才能跳得高：别让“眼高手低”害了你
144 / 在抱怨赚钱少之前，先努力让自己“值钱”
147 / 做“行家里手”，成为业内不可或缺的优秀者
151 / 要有一遍又一遍，坚持完成一件事的坚持
154 / 欲戴王冠，必承其重

第六章 接纳不完美，修炼强大内心：让“急性子”无立锥之地

158 / 沉默，学着控制自己的情绪
160 / 换位思考，让心情变美好
162 / 不固执，请别再与自己较劲

165 / 应对大场面，克服紧张情绪有诀窍
167 / 焦虑时，先来个“自我安慰”
170 / 学会用微笑去化解矛盾
172 / 内心强大时，你便再不会轻易急躁
175 / 别为“分歧”耿耿于怀：学会接纳“不同”

第七章 爱要“温养”，不能“硬撞”：个性太急会让生活变成一场“浩劫”

180 / 别让急性子毁了你的爱情
183 / 有多少爱可以重来：别轻易为爱下赌注
186 / 别为鸡毛蒜皮的小事对爱人发怒
189 / 给爱一点呼吸的空隙：抓得越紧，失去得就越快
192 / “不动声色”是化解矛盾的良方
193 / 爱需要“软言细雨”的滋养
196 / 有些话很伤人，不要经常挂在嘴边
199 / 别轻易去触碰爱人的心理“底线”
202 / 让批评变成一种意味深长的关爱

第八章 提升情商，改变生活方式：让“急性子”成为无根之萍

206 / 焦急本身不存在，是你应对事情的方式制造了焦急
209 / 遇事不急，处事不躁
213 / 扔掉沉重的“面具”，别再与人争面子
216 / 偶尔将你的人生进行“格式化”
218 / 放慢你的脚步，停下来等一等“心灵”
221 / 如果为了没有鞋而哭泣，看看那些没有脚的人

224 / 摆脱家庭的困扰，慢慢培养你的耐心

226 / 将冷静和镇定变成一种习惯

231 / 找到合理的宣泄方式：为你的急性子找一个出口

234 / 积极悦纳自我，克服社交恐惧

第九章 提升对事情的把控能力，性子才能沉稳下来

240 / 无法言说的“痛”：做事拖沓者多数是急性子

243 / 及时调控，不给急性子以任何“发酵”的机会

245 / 你若已接受最坏的，就再也不会为什么着急

247 / 正确评估自己的能力，发挥自己所长

249 / 我们总在缩小自己的幸运，扩大自己的不幸

252 / 提升自我能力和技能，便不再会为什么而性急了

254 / 有一种状态叫作：为即将到来的成功而感到恐慌

257 / 凡事行动前，先做好计划

第一章 可怕的事实：个性太急会让你处处受阻

急性子是人生的一大弱点，也是导致人处处受阻甚至一事无成的主要原因之一。在生活中，很多人总会因为个性急躁而做不好事情，甚至失去理性，铸成大错，给人生留下了巨大的遗憾。心急气躁之人，无论是在生活中还是在工作中，只会关注眼前的一点小利，不能顾全大局，做事缺乏大局观。同时在具体实施某件事情时，一味地追求速度，最终只能是揠苗助长，费神劳力，无功而返。同时，急性子者做事爱冲动，头脑一热便口无遮拦，做出伤人害己的事情来。所以说，急性子既是导致一个人与世界格格不入的原因，也是阻碍一个人事业成功的“绊脚石”。

心急气躁会不断地招致“失败”

《世说新语》中记载了这样一个故事：

王蓝田是个性子急躁的人，有一次他在餐桌旁吃鸡蛋，便用筷子去扎，没有扎到，便十分生气，将鸡蛋扔到地上。鸡蛋在地上旋转不停，于是他起身便用鞋子去踩，又没有踩到。于是怒火中烧，急得不行，为了报复，他又从地上捡起来放入口中，将鸡蛋咬破了又吐掉。

我们在嘲笑王蓝田的同时，是否也想过自己在生活中有过不同程度的急躁症情绪？同事被提拔，自己便开始着急起来，加班加点，想要拼出业绩来，结果身体不配合，先垮了下来；朋友住上了他自己的房子，自己还居无定所，不由得自惭形秽，为了安居而烦躁不安；邻居的小孩出国了，自己的小孩还在一所高中里“蜗牛爬”，于是四处打听，一意孤行也要将之送出去……你何曾知道，这种急躁的心理一旦形成习惯很有可能害人害己。

个性急躁是人性的一大弱点。心急气躁之人，凡事总追求速度与效率，却忽视了事前计划的制订与准备。他们仅凭着一时的冲动劲儿，头脑一发热便什么也不顾，做出令自己后悔的事情。急性子的人做事总是希望一蹴而就、手到擒来，但结果却不尽如人意，不是事倍功半便是无功而返。所以，急性子便成了“失败”人生的根源，是一个人实现自我价值的“绊脚石”。

杰西从来没获得过什么学位，他所受过的几年高等教育也始终没有用武之地，但他的先辈却为他留下了一笔财富。他毕业后，因为急于追求成功就先拿出 10 万美元投资办了一家煤气厂，可造煤气所需要的煤炭价格突然飙涨，这使他亏了一大笔。

接下来，杰西为了让自己摆脱窘迫的状态，又以 9 万美元的售价把煤气厂转让出去，开办起煤矿来。可他又不走运，因为采矿机械的耗资大得吓人，因此，杰西便把矿里拥有的股份变卖成 8 万美元，转入煤矿机器制造业。从那以后，他更像一个内行的“滑冰者”，在有关的各种工业部门中滑进滑出，没完没了。

他恋爱过几次，可是每一次都没有结果。他曾对一位姑娘一见钟情，十分坦率地向她表露了心迹。为使自己配得上她，他开始在精神方面陶冶自己。他去一所学校上了一个半月的课，但不久便自动逃遁了。两年后，当他认为时机已到，可以启齿向对方求婚时，却发现那位姑娘早已经嫁给了另一个家伙。

不久他又痴痴地爱上了另一位姑娘，这位姑娘家里有 5 位姐妹，当杰西上这位姑娘家求婚时，他却发现自己又喜欢上了姑娘的妹妹。不久，他的恋情又以失败告吹。为此，杰西也十分困惑，为何自己付出那么多，最终却总以失败告终。

其实，生活中像杰西一般困惑的人有很多，为何自己付出那么多，最终却两手空空。答案其实很简单，他们总是这山望着那山高，因为急于求成，而不懂得锁定一个目标去下功夫。殊不知，摩天大厦也是从打地基开始的！

生活中，急性子的人难以成大事，这些人经常会因为急躁而导致一些不良后果：一是做什么事总是浮光掠影，只看表面不看本质。比如对工作，为了完成领导所要求的，只求数量不求质量，敷衍了事，难以给人带来惊喜。二是做事莽撞，一旦听到人家有什么新的想法，不做全面的分析，不进行冷静的思考，只凭主观意愿去行动，最终往往置自己于尴尬的境地。三是容易感情用事，不顾及别人的感受，使得人际关系处于糟糕的状态。如此一来不仅伤害了别人，也置自己于烦恼之中，影响身心健康，甚至导致人生偏离正确的轨迹，最终所有美好的想法或抱负都是难以实现的。

急性子是人生的大敌，性格急躁的人，遇事容易冲动、愤怒，受到一丁点儿的刺激后便会“暴跳如雷”，这些负面情绪对我们的生活与工作都有着极大的负面影响，甚至还会让我们不断地错失机会，招致“厄运”或“失败”。

刘浚对自己所在公司的工作环境、人事结构、薪资水平等都很满意，对个人未来的发展也充满了信心。因为他是新人，上司为了锻炼他，就让他从最基本的端茶、倒水的工作开始干起。这让刘浚很是不满，觉得上司不尊重人才，于是经常生出许多抱怨来。

一次，因为刘浚的疏忽，他在打印文件时将一份重要的文件漏掉了，让客户产生了误解，险些与公司解除合作协议。上司对此很不满，于是就将刘浚叫到办公室说道：“小刘，这点活儿都干不好，以后重要的工作怎么放心地交给你去做呢？”刘浚本来对上司大材小用的行为就有些不满，听到这样的训斥，更是冒火。他说道：“老子不干了还不行吗？这种低端的工作，你爱让谁干就让谁干吧！”说完，就怒气冲冲地收拾东西离开了公司。

随后，刘浚又回到了自己刚毕业时的迷茫状态，在投了几千份简历仍石沉大海后，他对自己的行为后悔不已：自己的能力本不差，但却因一时的冲动而断送了自己美好的前程。

一个人无论多大年龄，当他在气愤时，其思虑都是不成熟的，言语也是欠节制的，行为是失态的，就像一个年幼的孩子一般不成熟。正如《圣经》上说："人有见识就不轻易发怒。"当一个人在生气的时候，他的智慧、EQ、仪态等，都会大大地退化，乃至所讲出的话，所做出的决定，往往都会坏事。所以，对于急性子的人来说，在冲动、生气的时候切记不要做决定，不妄下判断。如此才能让自己的人生避免因某种失误而错失了机会或因某个冲动的决定毁了自己的一生。

越是急于求成，越容易一事无成

宋朝的朱夫子是个绝顶聪明之人，他从十五六岁就开始研究禅学。为了快速有所成就，他看了很多禅学方面的书，但只是粗浅地看，从不去体悟其中的禅理。近20年过去了，仍一无所成。

而到了中年之时他才感觉到，速成不是创作的良方。于是，他坚信"欲速则不达"这句话，之后便狠下苦功，最后终于获得了一定的成就。他有一句16字的真言："宁详毋略，宁近毋远，宁下毋高，宁拙毋巧。"

朱夫子的人生经验告诉我们：世界上任何一件事情，你越是急于求成，越容易一事无成。生活中，相信很多人也都有这样的体会：急急忙忙地做事，希望能够早点儿完成，但最终的结果往往是越着急越出错，导致事情一拖再拖，甚至事情还朝着最坏的方向发展，最终功亏一篑，毫无收获。其实，这都是性子太急惹的祸，正所谓“欲速则不达”，人越是着急越容易一事无成。

一位监工要为主人盖一座三层的楼房。工程开始之后，监工见工匠们打了很深的地基，然后又在地面上竖起柱子开始砌砖。可急性子的他因为害怕工程延期，便立即跑过去对工匠们说：“我要的是三层楼房，你们又是挖地基，又是竖柱子，是不是太过浪费了！”

很多读过这个小故事的人，第一反应就是觉得故事中的监工很傻，不挖地基，不竖柱子，楼房怎么可能建造起来呢？其实说这个监工傻，只缘人们身在局外，自然看得更为明白一些，而当自身处于局内时，难免会因为急性子而变得愚蠢，犯下和故事中那个监工同样或类似的错误。因为对于一个急性子者来说，其双眼盯的只是结果，为了追求最终的结果，一定会让“过程”粗制滥造，失误与错误也就在所难免了。试想，一项工作任务本来需要 1 个小时完成，而因为急于求成，所以只用半个小时便完成，最终的结果就是两个小时过去了，依然无法完成，甚至会因为其中的某个错误而让所有的努力都白费。

其实，任何事情都有个过程，如若时间不够充裕、前后没有考虑清楚，就难以理出头绪来，事情反而会被搞得乱七八糟。而急性子者做事普遍缺乏计划性，不按规律去做事，最终只能落得惨败的下场。很多时候，急性子者总是抱怨自己的辛苦付出没有得到相应的回报，甚至因为着急而埋怨自己太过愚笨。其实出现这种结果就是因为你性子太急，基础没打好，功夫不到家，自然也难以取得好的收获。

前不久，刘萧盘下了一个旺铺开起了饭店，在刚开业的时候他心想，如果将店面装修得好一点，凭着这样的好地段，一定能赚钱。于是在开业的第一天，他天不亮就开了店门，焦急地等了一上午，结果一个客人都没来。他急了，门里门外地转悠，瞧见对面的早餐店一直客人不断，而他的店却无人光顾，便大为恼火。因为怕亏钱，立即决定不干了，马上写上了出兑的牌子。说来也巧，刚写上就有人来兑店，他以非常便宜的价钱就将店给兑掉了。

等他拿着钱刚要出门的时候，正好遇到陆续而来的客人。刘萧气得直跺脚，恨恨地说道："一上午都不来，我都不干了，你们倒来了。"

兑他店的人拍着他的肩膀笑着说："老兄！干什么都得有耐心，像你这样心急只能一事无成。"

心理学上指出，当一个人急于要去做好某件事或者实现某个目标时，内心便会滋生出强大的压力，由此衍生出来的急躁冒进的情绪就会让人发挥失常，距预设的目标越来越远，成功也因此会变得可望而不可即了。所以无论在工作中还是在生活中，我们都要安抚好自己急躁的心，让自己处于冷静、平和的状态下，才容易做出成就来。

总之，急于求成往往会让我们一事无成。唯有在前进的路上脚踏实地，一步一个脚印，我们才会收获生活中的幸福和事业上的成功。

“未来”终会惩罚那些定力不足的人

浮躁、缺乏定力是急性子者的另一个特点。他们对任何事都是浅尝辄止、敷衍了事，通常一份工作做不久，便觉得枯燥、无趣，或嫌工资低、待遇不好，于是便开始跳槽。这种缺乏定力的人，终会在“未来”获得命运的惩罚：去找工作，简历上写着四五份工作经历，每次多则两年，少则几个月，因为不断换行业，没有一项擅长或熟练的技能或者本事。人到中年，还要回到起点从一个初级职位开始干起，拿最基本的薪水，与一群刚刚起步的20多岁的年轻人在同一起跑线上抢饭碗，在焦虑中黯然度日。

林涵，大学念的是经济学，因为从小对数字不敏感，她对这一学科毫无兴趣，也不知道毕业后能做什么。

当表哥找她一起到校区卖凉皮、凉面，她为了能尽快赚到钱，便一口答应，梦想有一天能把自己研制的调凉皮秘方卖遍全世界。可这个工作并不像她想象的那么浪漫，天气炎热，在凉皮下锅时，经常会被蒸汽烫到，手上贴满了创可贴，天气渐渐转凉，生意差了……耗了大半年，表哥收摊了，她也跟着失业，生活顿时也陷入窘境。

性子较急的林涵为了尽快使自己摆脱生活上的困境、赚到大钱，她又决定凭借自己小时候的绘画功底，进军包装设计行业，因为她从一位同学那里得知，在包装业一个好的创意可以得到很多的佣金提成。幸运的是，她被一家小型的包装广告类的公司录用，可在那里不到半年，林涵觉得工作压力太大，自己的创意总不断地被否定，最为关键的是，她觉得赚得太少，于是决定辞职。

对此，周围的朋友曾劝她，尝试不同的工作是对的，可你不能总因为工资低、待遇不好而辞职！每个公司都不会给新员工开高薪的，你总得埋下头来好好练就一种技能，让自己不断增值，才有可能拿到高薪！可她并没有把这样的劝告听进去。

几个月后，迫于生活压力，她在一位同学的推荐下，又进了一家小公司做文职工作：接待客户外加收发文书。不甘不愿去上班，她感到窝囊透了，好歹自己是经济学本科毕业，这样琐碎的工作本应该是初中毕业的小妹妹做的。这样一次刻骨铭心的经历，又让她得出这样的结论：之所以无法找到好工作，待遇不高，是因为自己缺少一张硕士文凭，于是她一边工作一边准备考研究生。

因为发奋努力，她还是考上了，现在是经济学研三，几个月后即将毕业，她再度回到几年前刚毕业时的原点，并不知道自己毕业后要去干什么，而只想着去赚大钱。这时的她已经 28 岁了……如果她再找与经济相关的工作，她过去的工作经历并不会为她加分，甚至还会为之减分，如果她不想做与经济相关的工作，那她为何要念研究生？

林涵就这样随意晃掉了人生 5 年的黄金时间！

有一句广告说："成功从不相信运气，只青睐实力。"而对于职场人来说，命运终会惩罚那些定力不足的人，而优待那些脚踏实地、埋头苦干，在某一行业或某一岗位都肯静心学习、悉心钻研的“匠人”。

现实中，很多年轻人看到周围的朋友在某一行业取得了成功，便觉得自己当下的工作是多么枯燥、无聊、无意义，于是便想到了辞职、换工作，想到别的行业去掘金，寻求新鲜感、快乐感，觉得这样就可以将所有的烦恼都抛开，说不定还能实现自己的梦想。殊不知，你抛开的只是暂时的烦恼。当到了一个新的单位，在新的岗位上，一切都要从头开始，不久，你就会遇到同样或者类似的困境，烦恼便又会如期而至。其实，获得财富除了踏实努力，没有什么捷径可言，任何人的成功都是不可完全复制的。很多时候，你所追求的“捷径”，恰恰是距成功最遥远的距离。

刘路是一家出版社资深编辑，有着极好的职业素养。一次，她告诉朋友说，纸媒时代将要被淘汰，我要转行去做电子媒体。

朋友问：“你准备去做什么？”

她说：“我打算去做微商，觉得能赚钱，或者去做媒体广告。总之，互联网时代，不能再做这一行了。”

朋友开导她说：“你专业素养那么好，当初是拼了命地考进这家有实力的出版社，好不容易凭着能力熬到了现在的位置，更何况，现在的待遇也不错，怎么突然觉得这行不行了呢？你做微商，觉得自己有什么优势吗？你连做什么产品都没想好，就贸然辞职，不好吧！”

她着急地说：“那你说我该怎么办？我天天都在焦虑，看到朋友圈里很多朋友都靠做微商赚了大钱，觉得自己真的要被这个时代抛弃了。”

最终，刘路还是辞了职，做微商卖茶叶。经营半年后，由于缺乏客源，惨淡收场。无奈之余，她又回到老本行，到一家小型出版公司做编辑。

生活中，像刘路一样个性急躁的人有很多。他们总不时地被周围人的创富神话所吓倒，总为“要被这个时代所抛弃”而惶恐不安。而当其真正随波涌入“创富”大军中时，才感受到要做一只“飞起来的胖子”又是另一种煎熬人生的开始。所以，对于急性子的人来说，守好自己的主业，坚持自己的信仰，在一个岗位上不断让自己增值，才是实现自我价值的最好捷径。也正如李安导演所说的那样，当你的才华撑不起你的梦想时，你应该沉下心来学习。当你的能力驾驭不了你的目标时，你应该沉下心来历练。梦想，不是浮躁，而是沉淀和积累。

“感情用事”的后果你真的承担不起

几年前，有一对年轻夫妇，女人因为难产而死，遗留下一个幼子。男人平时因为要忙于农活儿，所以就没时间看孩子。于是，就让家里那只养了 5 年的大狗帮忙照看孩子。那只狗聪明灵活、极通人性，很会照顾小孩，每天都会叼着奶瓶给孩子喂奶。

有一天，男人出门去了，就让狗去照顾孩子。

他到了别的乡村，因为遇到大雪，当日不能回家。第二天才赶回家，狗闻声便立即出来迎接主人。他将房门打开一看，满屋的血，仔细地抬头一望，床上也是血，孩子却不见了，狗就在身边，满口也是血。主人发现这种情形，以为狗性发作，将孩子吃掉了。他立即大怒，随手拿起刀，将狗杀死了。

之后，他便听到孩子的声音，发现孩子在床下。他于是抱起孩子仔细查看，虽然身上有血，但并未受伤。

男人很是奇怪，不知究竟是怎样一回事，再看看狗身上和腿上的肉也没有了。屋外有一只狼，口中还咬着狗肉。原来是狗救了那位小主人，但却被冲动的主人误杀了，主人做出了令自己后悔终身的事。

易冲动、感情用事是急性子的主要特点，为此，生活悲剧时常在他们的生活中上演。比如因为他人触动自我尊严或利益而导致打架斗殴乃至杀人甚至自杀的事情等，时有发生，这带给人的悔恨都是终身的，这样的后果真的令人难以承受。

从心理学的角度分析，人一时的“感情用事”都带有强烈的情绪色彩，其行为缺乏意识能动的调节，为此常会表现出厌烦、草率鲁莽、不计后果、急于求成等行为，甚至还会有挑衅性的行为表现等。这个时候，他们既不会对行为的目的做清醒的思考，也不会对实施行为的可能性做实事求是的分析，更不会对行为的消极性和不良后果做理性的评估和认识，而只是一厢情愿、忘乎所以，结果只能是后悔莫及，甚至铸成大错，遗憾终身。所以，要使我们的人生少留遗憾，就要懂得控制自己的冲动性格，遇事不着急，学会沉住气，做事前先想后果，等情绪恢复理智后再行动。

在日常生活中，急性子者都遇到过类似的情形：在洗手间，突然听到同事在说自己的坏话，不管三七二十一便冲出去与对方大吵大闹，最终难以收场；隔壁邻居把音响开到最大到忍无可忍的程度，于是便踹门而入，与邻居的关系彻底搞僵；遇到无理取闹的客户，自己二话不说便将其痛骂一场，最终不仅使一单生意泡汤，还丢掉了一个客户，甚至还会让自己在行业内臭名远扬，断送自己的职业前程……总之，急性子者很容易被激怒，然后做出令自己事后后悔不已的事情。

实际上，“感情用事”是一种极具破坏性的情绪，它给人带来的负面影响要远远大于我们的想象。对于急性子者来说，将他们击垮的，很多时候并非那些大的灾难，而是其不善自控的性情。

西方有一句古老的谚语：“上帝欲毁灭一人，必先使其疯狂。”一个人无论有多优秀，在冲动的时候，都难以做出正确的选择。可以说，感情用事是急性子者的一种顽疾，它所带来的不良后果真的让人难以承受。为此，要想成就一番事业，就要先学会控制好自己冲动的情绪。那么，对于急性子者来说，生活中该如何克服“感情用事”的毛病呢？从心理学的角度出发，你可以尝试以下的几个方法：

（1）自我暗示。心理学上认为，人具有对自己的主观世界或心态进行知觉的能力。当人们知觉到自己属于“感情用事”者时，就应当有意识地加以克制。遇到愉快、麻烦之事，当情绪处于激动状态时，就应当进行自我暗示：“这样做的后果是什么？那样的后果我真能承担得起吗？如此激动，不如让自己冷静下来仔细分析，理智地对待!”通过这样的暗示来达到产生“压抑作用”的效果，即将不被允许的念头、情绪话语或者冲动，在不知不觉中压抑到无意识中。这是克服“感情用事”毛病的最基本的方法，其他方法都只能在此基础上产生。

（2）反向作用。在性子急起来时，为了控制或者防御自己做出“越轨”的行为，有意识地让自己做出相反的举动。比如夫妻闹矛盾，在性子急起来的时候，或打架或打斗，或恶语中伤，这只会使彼此的关系越来越糟糕。如果相反，暂时地违背当时心境对对方好一些，对方就会改变态度。待双方冷静后，两人再沟通，不满的情绪也消失了，两人便不至于闹到离婚或者大打出手的地步。

（3）合理宣泄。“自我暗示法”与“行为反向”都只能够暂时地压抑你内心的能量：情感冲动的作用，问题本身并未得到根本上的解决。因此，要最终解决问题，就必须及时发泄你内心的负面情绪。比如，你可以在适当的时候与当事人进行沟通，向朋友倾诉自己内心的真实情感等。这样，既能克服感情用事的毛病，又能使自己的内心恢复平静。

既然“豆腐心”，何必“刀子嘴”

急性子者的另一个特点就是说话口不择言、快人快语。他们通常长着一张“刀子嘴”，但内在却有一副“豆腐”般的软心肠。

他们遇事总是没有行动，话先出口，尤其是脾气上来时，完全不顾及他人感受，哪句“狠”便说哪句，句句像刀子，直插人的“心脏”。

沈彤是个急性子，说起话来口无遮拦，从不过大脑。每次当别人就某事征求她的意见时，她出口的话总是很伤人，总能直接戳到别人的痛处。

有一次，同办公室的一位同事穿了件新衣服，别人都称赞“漂亮”“合适”。

可当这位同事问沈彤感觉如何时，她却毫不犹豫地回答说：“说实话，你的这件衣服虽然很漂亮，但是穿在你身上就像给水桶包上了艳丽的布，因为你实在太胖了。而且这些颜色对于你这个年纪的人显得太嫩了，根本不合适！我是因为和你关系好才和你说实话的，可别怪我哦！”

从此之后，这位同事再也不穿那件衣服了。几个月过去了，沈彤无意中问那位同事：“好几个月都没看见你穿过那件衣服了！”

“其实，那件衣服已经丢掉了，我已经忘记它的样子了。不过，你说过的话，让我时常想起它带给我的痛！”那位同事回答道。

因为性子急，说起话来口无遮拦，伤人害己的人有很多。要知道，为逞一时之快而不顾他人感受说出伤人的话，对他人造成的伤害是无穷尽的。心理学上认为，自尊是人的基本心理需求，没有人能彻底忘掉别人对他的侮辱，即便是那个人曾经有恩于他，或者他们曾经是很要好的朋友，所有的这一切，都无法弥补其在语言上对他人所造成的伤害。

急性子的人，固然在说“狠”话时没存什么坏心，甚至是出于善意的，但是其刻薄的“狠”话对他人造成的伤害是难以磨灭的，有的甚至是终身的。这也正如一位作家所说的那样：“刀子嘴豆腐心是最低性价比，最损人不利已的。明明你是好心善意，却偏要自导自演一系列责备、伤人、焦虑、争吵等场面恢宏的戏码，这是在给自己的人际关系、工作生活埋下许多可以燎原的星星之火。”

生活中，一些急性子者在开口讲话前，都会为自己做注解，他们说话的前缀常是“我性子比较急，说话也比较直”，然后再抛出一堆让人不爽的话，让听者不好意思对其发脾气。其实，真正高情商者，在开口讲话时，绝不会说诸如此类的话：“我永远不会像你一样做那样的蠢事。”“谁像你那样从不开窍，这么简单的问题都解决不了。”“看你那德行。”等。这样的话，谁听了也不会舒服，而且这样太过绝对的话语显然是极伤人自尊的。没有人受得了这样的无礼行为，即便他不会立即与你兵戎相见，大干一场，也会对你怀恨在心，甚至结怨成敌。

蔡康永曾经做过这样的一番论述：刀子嘴豆腐心真是种诡异的逻辑，分裂的人格。嘴里的话语不应该是内心想法的映射吗？真正善良的人，说话时会以己度人、换位思考，己所不欲勿施于人。而尖牙利齿，得理不饶人，朝着对方软肋发起语言攻势的人，谈何宅心仁厚呢？

刘晓是个心直口快的姑娘，每次与周围的人讲话总是带着“刺”。

一次，老公要出席一个晚宴，在傍晚时悉心打扮好了以后，便想让刘晓做评价。而刘晓看着大腹便便的老公穿着西装，便“扑哧”一声笑了出来，接着便说道：“那么肥的身子裹在这么高级的西服里，真的像个大狗熊！”本来就对自己肥胖身材深感自卑的老公，听到这样难听的话，脸一下子就拉了下来。刘晓一见老公不高兴了，便补充一句道：“只有最亲的人，才敢跟你讲实话呀！而外人只会嘲笑你呀！”可老公并不搭理她，以后再也不向刘晓征询意见了。

还有一次，刘晓因为孩子的教育问题与婆婆拌了嘴，她想都没想，上来就对婆婆呵斥道：“我教育孩子的时候，你就给我住嘴！这孩子早晚会毁在你的手上，你还是趁早给我滚回老家去吧！”婆婆听罢，很是伤心，抹着泪收拾完行李就要回家。这时刘晓才意识到自己的话说重了，便忙解释道：“妈，你知道我就是这急性子，脾气上来就控制不住，可我内心真的没想让你走！你还是原谅我吧……”尽管刘晓对婆婆表达了歉意，好话也说尽，可最终婆婆还是伤心地离开了！

生活中，像刘晓这样的急性子的人有很多，在他们的意识中，自己因为与朋友的感情深，说话才会口无遮拦，觉得这才是“真情流露”、关心对方的表现。可他们却忘了，再亲密的关系也是建立在相互尊重的基础上的，再深厚的感情也经不起“狠话”的摧残。当然，在与人交往中，许多急性子者也能意识到自己的“刀子嘴”是种暴力，可情绪上来，便无法控制自己，事后又捶胸顿足，向对方道歉，恢复“豆腐心”，可往往为时已晚，事后再弥补对方，也难以挽回对方那颗已经受伤了的心。所以，如果你有一颗“豆腐心”，就要懂得控制自己的急脾气，别让你的“刀子嘴”刺伤了别人，让自己后悔。

别让“着急上火”毁了你的优势

心理学家认为，急性子者在着急上火的时候，其智商为零，甚至为负数。他们只要火气一上来，便不顾一切地凭一时想法去办事，而不计后果。尤其是在关键的时刻，着急上火的结果就是将自己的弱点暴露给对方，这会彻底毁掉你的优势，造成难以承担的后果。

洛克菲勒因经济纠纷与人对簿公堂，在开庭时，对方的律师看起来是个极富修养的人，洛克菲勒本对这次的官司并不抱有什么信心。

在法庭上，对方的律师拿出一封信问洛克菲勒道：“先生，请你告诉我是否收到了我寄给你的信呢？另外，你为什么没有回信呢？”

“我收到了，但没有回！”洛克菲勒十分果断干脆地回答道。

于是，律师又拿出20多封信，并且以同样的方式一一向他询问，而洛克菲勒却都以相同的表情，一一给予其相同的回答。

律师见洛克菲勒如此镇定，终于按捺不住内心的狂躁，顿时愤怒至极、暴跳如雷，并不断地咒骂，完全失去了一位律师应有的风度！

最后，法庭宣布洛克菲勒先生胜诉！原因很简单，就是因为对方的律师在法庭上乱了阵脚，彻底失去了判断力，将对方的目的以及打官司的手段等细则全部透露了出来，洛克菲勒抓住其弱点，赢得了官司。

一个爱意气用事、情绪失控的人，最容易暴露自我弱点，让对方抓住把柄，导致在关键时刻一败涂地。生活中，面对不同的环境、不同的对手，有时候采用何种手段已经不是关键，而保持良好的个人情绪才是至关重要的。

刘茜是个浪漫主义者，与丈夫结婚近10年，但是一到某个特定的节日，一定会要求丈夫与自己浪漫一把，才肯罢休。比如，上次结婚纪念日，刘茜早早地做好了去夏威夷度假的准备，老公为了陪她，整整请了半个月的假。这个月马上就是刘茜的生日了，为了让丈夫主动为自己制造浪漫，便没有提醒他。结果在生日那天，老公却偏偏忘了买花。急性子的刘茜马上就不高兴了，对老公责备道："嫁给你这种男人真是倒霉，我不提醒，永远不会记得给我买礼物！"

老公也是个急性子，听了这话，瞬间的内疚感化为愤怒："娶了你才倒霉呢！天天就你爱折腾人，而且嘴巴也不饶人，忘性又大，前几天逛街时才给你买了项链！"

丈夫没给买礼物，刘茜本来是占了理的，但是因为她爱着急上火的性子，却将老公的"内疚感"击得粉碎，让本来占优势的她迅速位居下风。

生活中，急性子者总会依自己一时的情绪去做事，而情绪又是十分感性的东西，有时滑溜得让人捉摸不透。但是，无论如何，我们都要想办法将它捏得紧紧的，因为这关系到你是否能在社会上游刃有余地生存。有许多了不起的大人物，他们都能将自我情绪收放自如。这个时候，情绪已不仅是一种情感上的表达，而且还成了攻防中使用的武器。就像大名鼎鼎的洛克菲勒一般，能通过控制自我情绪的方法在法庭上取胜，是一种克敌制胜的高明的方法。

当然，要克服意气用事的习惯，就要修炼一颗强大的内心，凡事不急不躁，遇事沉稳、平和，不易被外界的纷扰所伤害和干扰，能时刻坚守自我，在任何情况下都不会因为情绪失控而暴露自己的缺点。

其实，心灵是我们所有行为和意念的根源，你的快乐、悲伤、感动、愤怒和仇恨等以及所有的贪念皆源于内心。心理脆弱这些负面情绪的意念便会左右你，烦恼和痛苦便会如影随形。而一颗强大的内心发出的情绪和意念皆是平静、慈祥、和谐、善良的，这些只会时刻让你生活在快乐和幸福中。所以，要让自己获得快乐和幸福，必须要修炼一颗强大的内心。

内心强大的人，对未来时时充满希望，在很大的打击面前，也能够迅速地恢复理智，从不将挫败和磨难放在心上，好似从未被什么击倒和折磨过一般，时刻能保持理智和平静。

内心强大的人，即便是在最艰难的日子里，也会一直坚守自己的信念，绝对不动摇。从不自卑、不自傲，不在乎他人的评价，坚定自身的信念和目标，并不为所动。同时，他们在做重要的决定的时候，能理性地梳理、分析和客观地看待与自己有利害关系的事情，绝对不患得患失，能够很好地控制自身的情绪不为环境和他人所操纵，并且还能够快速地做出判断。

内心强大的人，时常能够保持平静，他们很清楚自己适合做什么，有什么潜力，是什么样的人，能够理智地面对人生的每一次机会和选择。无论在任何环境下，都有感受爱、幸福和快乐的能力。他们得意时不忘形，失意时不失志，宠辱不惊，不为名利得失或喜或悲。

“不幸人生”的根源：失意时冒进，得意时忘形

一位绝顶聪明的科学家得知死神正在四处寻找他，他便利用克隆技术复制出了12个“自己”，想在死神面前以假乱真，保住性命。

面对13个一模一样的人，死神一时也难以分辨出哪个才是真正的目标，只好悻悻离去。但是没过多久，对人性弱点了如指掌的死神，想出了一个识别真假的好办法。死神又找到那13个一模一样的科学家，对他们说：“先生，你确实是个天才，能够克隆出如此近乎完美的作品。但是却很不幸，我还是发现你的作品有一处微小的瑕疵。”话音未落，那个真正的科学家暴跳起来，大声地辩解道：“这不可能！我的技术是完美的！哪里会有瑕疵呢?”

“就在这里！”死神一把抓住那个说话的人，把他带走了。

其实，生活中像那个科学家那样遇事沉不住气的急性子者有很多，一句批评或者奉承的话往往便能暴露出弱点，进而开

始不断地滋养“失败”和“不幸”。做事喜冒进、沉不住气是急性子的一大特点，他们在失意的时候会冒进，甚至暴跳如雷、急不可耐，进而暴露自我弱点；在得意的时候，则会不自觉地自我膨胀，自我放大，就像一把开了刃的尖刀，貌似没有什么困难能难倒他，没有什么问题解决不了，殊不知这把尖刀随时可能伤害他最亲近的人，也随时可能受到意外的打击。因为它的锋利，所以它才脆弱，折断可能只是瞬间的事。

明朝有个人叫沈万三，是当时的“全国首富”。他家有田产上万顷，而且在四路八乡的城镇都开设有许多的店铺。对于他的商业才能，余秋雨先生有过一句评价：中国 14 世纪杰出的理财大师。

沈万三太有钱了，就连当时的首都南京城，有一半都是他修筑的。朱元璋定都南京后，准备重修都城。可是由于连年的战乱，造成国库十分空虚，皇帝确实没有那么多钱，只好向几个大户借钱。财大气粗的沈万三当仁不让，主动表示承担 1/2 的钱粮开销。

商人出身的沈万三自然有他的道理，自己这次出了大钱，而且是帮皇上的忙，这个功劳还小吗！如果靠上皇帝这棵大树，名利双收指日可待。

沈万三自我感觉好极了，得意之情溢于言表。当今皇上都得靠我接济，这是何等荣耀啊！他与皇帝的工程同时开工，结果沈万三先于皇帝完工，朱元璋很不高兴。

修筑帝都 3 年之后，沈万三觉得“不过瘾”，又申请由自己“掏腰包”犒赏三军。全国军队每人银子一两，总共近百万两。

看到这种情况，朱元璋更难受了，便道："匹夫犒天子之军，乱民也，宜诛之。"从那时起，朱元璋下令收他重税每亩九斗三升，相当于亩产的一半多。

沈万三认为，自己是修建首都的头号功臣，而且还给大明的军队花了那么多钱，皇帝怎么也得向他这个"土财主"表示一下谢意。可是他忘了那句话：功高盖主。大明朝是人家朱元璋的，姓朱不姓沈，朱皇帝哪里容得下你沈万三这样普度众生的"活菩萨"？

朱元璋看到沈万三比皇帝还富有，本来就很郁闷。后来沈万三又主动发钱犒赏三军，朱元璋不得不开始琢磨：花了那么多钱，会不会是想收买我的天下？就算你有再多的钱，我说句话就能给你安个乱民的罪名，把你的财富变成姓朱的！

朱元璋翻脸了，要不是马皇后求情，沈万三真要人头落地，最后还是发配云南，没收亿万家产。

曾经的荣华富贵一下子变成了过眼烟云，一贯养尊处优的沈万三，根本受不了云南的凄凉清苦。身体上的折磨还是次要的，心理上的痛苦才最让他不能承受，自己为了大明朝出了那么多的财力，最后却落得这样的下场，太窝囊了。不出3年，沈万三就在愤懑抑郁中死去了。

好事没办好，还惹来了一身祸。从心理学的角度分析，急性子者之所以在得意时忘形、膨胀，是因为他们内心缺乏定力，总想通过向外人证明自己的伟大之处来满足自己内心的虚荣和空洞。他们在失意时之所以会表现得急躁、冒进，也是因为他们想通过快速地扭转"失意"状态来遮掩其内在的无能。他们总想让他人抬高自己，为了满足自己内心的虚荣，不断地做出违反事物发展规律的事情，进而不断地招致“失败”和“不幸”。所以，对于急性子者来说要从根本上改变自己的个性，要不断地修炼自己的内心，让内心变得足够强大。

要知道，一个内心真正强大的人，内在是丰盈的，其有厚实的内在知识底蕴做支撑，不会去计较个人的得与失，更不会在乎周围人对他的冒犯，也不会在乎他人的误解和世俗偏见对自己的评价，因为他的内心本身就是一个完美的世界。为此他不会色厉内荏，外强中干，更不会随意对人发脾气。这样的人，对自己与周围的人和世界都有极为强大的信念，这种信念能让他坚持自我原则，与世界万物和谐相处。

别因一时的冲动拉低了你的素养和水准

有人曾这样形容急性子者：“遇到问题，其第一反应便是发怒：孩子犯了错，上去就是一顿臭骂；下属把工作搞砸了，先对其训斥发泄一番；朋友冒犯了自己，马上以恶语回击……”很多时候，急躁不仅是一种坏情绪，还是一种人生“毒药”，它不仅会让我们的心理瞬间崩溃，还会让自己苦心经营起来的良好形象毁于一旦，拉低我们的素养和水准。同时，它还会慢慢地浸染我们的人生态度和行为方式。无休止的怒火，会不断地击垮我们的毅力，消磨我们的心志，它就像可以“溃堤”的蚂蚁一样，让你的“精神之堤”在瞬间被生活的洪水化为乌有！

拿破仑是有名的“急性子”。有一次，他从间谍那里得到情报：外交大臣塔里兰密谋反叛他。得到消息后，拿破仑立即从战场回到巴黎，召集所有大臣开会。会上，拿破仑坐立不安，含沙射影地点明塔里兰的密谋，但塔里兰却没有丝毫反应。

看到塔里兰的无动于衷，拿破仑无法控制自己的情绪，逼近塔里兰说：“有些大臣希望我死掉！”但塔里兰依然不动声色，只是满脸疑惑地看着他。

终于，拿破仑再也无法忍耐，对着塔里兰狂喊道：“我给你极大的权力，赏赐你无数的财富。你竟然如此伤害我。你这个忘恩负义的东西，你什么都不是，不过是穿着丝袜的一团狗屎。我永远也不愿再见到你了。”说完他转身离去了。

看到这个局面，其他大臣面面相觑。但是塔里兰依然一副泰然自若的样子，对其他大臣说：“真遗憾，各位绅士，如此伟大的人物竟然这样没礼貌。”

拿破仑的失态和塔里兰的镇定自若很快在人们中间传播开来，拿破仑的威望降低了。人们开始感觉到，拿破仑已经走下坡路了，就像塔里兰事后预言的那样：“这是结束的开端。”

其实，对于下属的叛变，拿破仑可以采取其他许多不同的做法，例如：他可以自我反省一下，大臣们为什么会反叛自己？他可以倾听，从大臣们身上了解自己的缺陷；也可以试着争取他们回心转意支持他等。所有这些策略中，最不应该的就是激烈地攻击和孩子气地发脾气。正是因为自己的这种不理智，拿破仑才在无意识中拉低了自己的素养和水准，然后逐渐失去了民心，最终让自己一败涂地。

不可否认，一遇事便冲动的急性子，很容易让人觉得“缺教养”或“没素质”。而一个缺教养的人身上，勇敢便会成为粗暴，学识就会成为迂腐，机智便会成为轻佻，质朴就会成为粗鲁，温厚就会成为谄媚。这样的人是难以让人接纳的。为此，对于急性子者来说，懂得控制自己的冲动，始终保持平和的状态是多么重要的事情。

当然了，对于急性子者来说，要有效地“制怒”，可以试试理智控制法，即当你要动怒时，最好先让理智行一步，仔细地想想你发怒后，会造成怎样的后果。或者也可以进行自我暗示，口中默念：“别生气，这不值得发火。”“发火是愚蠢的，解决不了任何问题。”等。也可以让自己在即将发火的一刻给自己下命令：不要发火！坚持一分钟！一分钟就坚持住了，好样的，再坚持三分钟！两分钟坚持住了，我开始能控制自己了，不妨再坚持一分钟。三分钟都坚持过去了，为什么不再坚持下去呢？如此这样，你的理智就可以战胜情感了。

你不是性子太急，而是格局太小

个性急躁者，通常有一个共性：爱与小事计较，常会因为一些鸡毛蒜皮的事便与人大动干戈，甚至会拼得你死我活，但对大事却毫不在意。比如，与人交谈时，一言不合，面色铁青，火气马上辣辣地大起来，继而破口大骂，不顾他人的颜面；到餐厅点了食物，半个小时过去了还未见菜，难免嘴里念念有词，要叫经理来兴师问罪；在生活中，朋友的一句无心的话，却让你敏感的心觉得伤了自尊，心中怒火中烧；工作中，上司指出你工作中的错误，你常常会气不打一处来……从人性的角度分析，这些其实跟道德没多大关系，甚至跟脾性也没多大关系，而是其人生格局太小的缘故。对那些有追求、人生格局比较大的人来说，别人为之吵得不可开交的那些事儿，在他人生中的占比不足百分之0.1。而对于个性急躁者来说，这样一系列的小事儿，占据了其人生的百分之九十甚至是全部。遇事便开始急躁、不耐烦甚至发脾气大打出手的人，因为格局小、眼界小，总爱将细小的事情无限地“放大”。一些芝麻大的小事，在他们眼中却是天大的事儿，因此，他们很容易为此而大动干戈。

小徐是广州一家生产线上的员工，他每天的工作就是守在自己的岗位上为半成品拂尘清洁。而在同一条流水线上紧挨着小徐前面的员工小刘则是负责给半成品刮明胶。小刘做事比较马虎，经常不注意细微之处的明胶清洁，为此，经常有带着明胶的产品流到小徐的岗位上，小徐总是很气愤，责怪小刘做事不认真，一次两人还为此事大打出手。这事惊动了当时正在门外视察的副厂长，了解到情况后，副厂长便微笑着将小徐和小刘的岗位换了一下，让细心的小徐做刮明胶这种细致的工作，而让马虎的小刘做清洁拂尘工作。如此一来，两人再也没有发生过矛盾。

格局小的人，面对一些无趣的事情，比如小徐和小刘遇到了那点鸡毛小事便会急得大打出手，他们总是喜欢把小事情“闹大”，结果搞得自己非常不快乐；相反，像副厂长那种有大格局的人，则会在遇到问题时，着重去解决。面对一些无意义的事，纵然是“大问题”，也会给它“小做”，进而化解矛盾，和谐大家。

一位企业家说过这样一句话：“越是格局小的人，性子越急，脾气越大。”的确如此，在我们的周围，总能发现诸如此类的现象：一线生产线上的小领班，比董事长的性子还急，脾气还大；格局小的人到餐馆用餐，服务员上错菜，他便会大声呵斥，而格局大的人则会语重心长且幽默地提醒服务员：“你这是要免费请我品尝吗?”一位家庭妇女，一天她买了一件衣服，回头习惯性地跟邻居显摆，却发现同样的衣服邻居居然少花了 20 元，于是她内心开始煎熬，这人的格局也就只值 20 元钱了……一个人总为小事着急上火，就是其眼光、胸襟等太过狭小。也正如于丹所说：成长问题关键在于自己给自己建立生命格局。格局大之人，有开阔的心胸，不会因环境不利而妄自菲薄，更不会因为能力不足而自暴自弃，遇事会从大处着眼，不会天天沉浸于鸡毛蒜皮的事，遇事不会缺乏耐心和焦躁不安。他们从不会把时间浪费在毫无意义的事情上，更不会为那些所谓的“小事”而倾注精力、劳神费力。所以，对于急性子者来说，要彻底改变自己的个性，那就去扩大自己的人生格局吧！

第二章 你人生的“痛点”，全藏在内心深处：找准急性子的心理源头

一位哲人说：“人生最大的灾难是心灵的灾难，如果心灵坚强，没有什么能让你急不可耐。”这句话从根本上找出了急性子产生的“心理源头”：内心太弱小！同时，心理学家指出，一些人性子急，是因为对完美主义的追求，凡事都要求无瑕疵，否则，就很容易使自己陷入焦虑状态；而另一些人则是因为将小事无限度地“放大”，然后滋生出诸多的烦恼。其实，对于急性子者来说，只有找准了性子急的心理源头，才能“对症下药”，从根本上改变自己急躁的性格。

别将“问题”复杂化，“后果”真没你想得那么糟

很多人性子急，其根本原因是爱“幻想”或者爱“想当然”。他们遇事先会把极为简单的“问题”想得很复杂，把事情的“后果”想得很糟糕。而且他们觉得自己的能力根本无力承担这样的“后果”，于是，内心便开始惶恐不安，外在则表现出急躁的情绪来。这其实也是心理太过弱小的原因，因为内心太过脆弱，所以在现实中便难以经受住任何风吹浪打的袭击。于是，当生活发生任何的“突变”，就会引发他们心理的恐慌。

张敏是个性子急躁的女人，遇到一丁点儿的小事，便急得团团转。一次，她到裁缝店做了一件漂亮的旗袍。拿回家一试发现做小了一点，尤其是腰身的部分，紧得穿不进去。当时的张敏一下子急了，仿佛发生了什么不可忍受的大事一样，拿着旗袍浑身直抖，连话都说不出来。好在这时她的母亲和丈夫赶了过来，了解情况后便安慰她说这根本不算什么大事。小了再重新到裁缝店改一下就行了。可张敏什么话也听不进去，拿着旗袍便急匆匆地冲出了家门……

母亲知道自己女儿的性子急，在家里时，他们什么事儿都顺着她，连丈夫也不敢惹她。有一次不知为什么，竟急得差点儿晕过去。见女儿急速冲出门，十分着急的样子，母亲生怕她会到裁缝店去大闹，于是便赶忙赶了过去。

母亲到裁缝店后，正赶上女儿与店员争吵。其实，裁缝店已经答应给改了，但张敏仍旧不依不饶。母亲了解情况后，忙上前去道歉，说自己女儿性子太急了，要让对方谅解。最终，裁缝店老板出来笑着对张敏说：“我们保证给你改好，到你穿上合适为止。并且不会再收你任何的钱，如果你觉得不满意的话，我亲自下手，重新给你做一件，或者如数退还你的钱！”听到这样一番话后，张敏的情绪才慢慢地平和了下来。

张敏之所以在拿到旗袍发现不合身后便开始急得不行，主要是因为她将这件事所带给她的负面“后果”扩大化了，觉得自己既亏了钱，又没得到好的“服务”。随后听了裁缝店老板的一番“保证”后，她紧张的心绪才平和下来。所以，要缓和自己的急躁性子，遇事切勿凭空去“想当然”，别将问题复杂化，也别用过多的杂念将“后果”想得太过严重。而应该让自己冷静下来，实事求是，就事论事。很多时候，令你恐慌的并非“问题”本身，而是你复杂的“意念”！

张洋是个性子急躁的人，如果有什么事情没有做完的话，那一夜保准失眠。有一次，张洋与几个同事一起去参加一个职称考试，在考试的头一天晚上，他竟然一个通宵都没睡着。第二天早起头脑昏沉沉的，致使考试未能如意，后经补考多次也没通过。张洋曾经也无数次地向周围的朋友诉苦，他的急性子给他带来太多的苦恼，他也不知道该如何是好！后来，他终于走进了心理咨询室，一位心理师告诉他，他太过性急是因为他把“后果”看得太重。于是，心理师让他把考不过所造成的“后果”用纸写下来。张洋写道：“考试通不过，优秀教师的职称评不上，生活维持原样！”

“对呀，考不过大不了就是做一名普通教师，你有什么可担心的呢！这样的结果你应该承受得了吧！”心理师说道。

“是啊，大不了就维持原来的生活呀！我真没什么可担心的！”张洋说道。

就这样，张洋的内心慢慢恢复了平静，下一次职称考试顺利过关。而且之后只要他遇到问题，都会用此类的办法去化解，原本遇事急躁的他也变得平和多了。

一个急性子者，之所以总被烦恼缠身，将原本简单的问题“复杂化”，将容易解决的问题搞得一团糟，是因为他确实“想”得太多。很多时候，“困”住他们的并不是问题本身，而是自己的内心。所以，如果你是个性子急躁的人，可以采用张洋的方法，在遇事焦急时，把你所担心的“写下来”，尤其是将事件本身可能带给你的一系列“后果”罗列出来后，就会发现，事情真没自己想的那么糟糕。

同时，在遇到问题时，先让自己的意念停止，不去“胡思乱想”，不将问题和因此而导致的后果无限地放大，而应该让自己冷静下来，好好找寻方法或出路。经过这样的几次训练后，你急躁的个性便会变得平和许多。

另外，在自己急躁的时候，告诫自己：急躁除了让自己心烦意乱外，对问题的解决没有任何帮助。即便你急白了头，问题仍然摆在那里不会自己解决掉。更何况有些事情需要一点点、一步步地慢慢解决才有成效。饭得一口一口吃，路得一步一步走，急躁没有什么用处。要知道，解决问题的办法不是急出来的，只有在平和、冷静的状态下，才能找到解决问题的办法。

总之，急躁并不是解决问题的办法，只能坏事。古人常说：“仓促在前，败毁在后。”越是急躁，越容易将事情搞糟搞砸，越容易做出让我们后悔的事情来。因此，我们一定要认识到急躁带给我们的危害，在生活中慢慢修炼自己的性情，一天天、一点点地去做，总有一天我们的头脑会冷静，情绪会平和，智慧的天空会晴朗无云，内心会达到泰山崩于前而岿然不动的境界。

“完美主义”是滋生急躁情绪的“温床”

一部分人性子急，是因为其过分追求完美的结果。这样的人事事都要按照自己认定的标准去做。在他们的心中，每一件事都应该是完美无缺的，所以他们往往会把全部的精力放在每一件事情上，其实他要做的未必都是有用的事。另外，这样的人很多时候也有极为强烈的占有欲和控制欲。

完美主义的人在某些事情未完成时，会产生相当强烈的急躁和焦虑的情绪，觉得浑身不对劲，所以无论在任何情况下，都非要“今日事今日毕”不可，一旦遇到什么事便会紧张万分。倘若跟别人一起做事，别人不按他的标准来做的话，他也会觉得如坐针毡。

提及刘梅，某家广告公司的高层领导都会竖起大拇指，觉得她是公司最认真负责的中层干部。可在员工眼中，她却是个最难搞定的领导。

原来，刘梅是个典型的完美主义者，不仅对自己要求严格，对下属的要求也极为苛刻。每次当下属将策划方案递给她的时候，她总是会皱眉头，说不太完美，需要重新修改。当下属问及欠缺到底在哪儿时，她总会说："我也不知道到底哪儿不好，但总体上看去就是有不完美的地方。"接下来，就让下属不停地修改，直到让她满意为止。

因为刘梅事事都爱挑错，让很多与她合作的同事都很闹心，一个方案要付出很多心血，每天走进办公室就像上了发条的闹钟一样不停地工作，以便多设计出几套方案，让她从中挑出最满意的。尽管这样，刘梅还是不满意，这让下属经常忧心的同时，也让她陷入莫名的烦躁之中。

对于下属来说，每当拿着厚厚的设计方案从刘梅办公室走出时，心情就会异常失落，上司的挑剔就像一把尖刀，总是会将他们精心雕琢的东西刺穿。对于刘梅来说，下属总不能做出让她满意的方案，心情也会变得异常急躁，脾气也变得极差，经常莫名地对旁边的人发脾气。这时，她的人缘更差了，周围的同事几乎没人与她随便说话的，这让她感到苦恼极了。

心理学家指出，完美主义是一把"双刃剑"，有利也有弊，一方面，它是使人不断向上的动力；另一方面，这种对完美的追求也是一个沉重的包袱，让人心情沉重的同时，性格也会变得异常急躁。因事事追求完美而导致的急性子者，往往非常富有责任感而规规矩矩，他们做事时常会一丝不苟，但是他们却常会因为对某些事情太过执着而感到不开心。比如，当他们离家外出游山玩水时，却总会因为整颗心牵挂着家里的事而无法享受到户外生活的乐趣；在学校读书遇到长期的假日时，总是惦记着自己的学业而无法使自己放松下来，甚至被称为只会念书的“书呆子”。

心理学家指出“完美主义”只是一个看起来很美，实则是个非常危险的词汇。它会使人在前进的过程中，变得刻薄、急躁、偏执，甚至有些神经质。也正如伏尔泰所形容的那样：“完美是美好的死敌。它能在不知不觉中让人将自己的身体累垮，让生活失去原有的色彩，变得不再美好。”的确，通常一个完美主义者，在观念上认为自己是一个极为优秀的人，于是，任何事物在他们眼中就像一个“人生目标”那样，在完成的过程中，都应该轻车熟路，一步到位。而事实却相反，越是追求成效，越是会碰壁，历经坎坷。于是，在对自我失望后，急躁的情绪便产生了。

赵宇表情木然地盯着电脑上不断闪烁的光标，感到无比茫然，上司要求他和小李在一周之内拟写一份营销企划书，公司要开会讨论营销策划方案，自接到任务起已经过去整整四天了，他一页文字都没有写。他认为这份营销企划对他的职业发展有重大影响，因此必须出彩，如果不能让领导眼前一亮，自己的工作能力就不能得到肯定。

在做数据分析工作时，赵宇想他绝不能像同事小李那样做什么事都粗心大意，每次做报告都被发现有漏洞，他一定要把自己的企划书打磨得毫无瑕疵，让最挑剔的人也挑不出任何毛病。越是这样想，工作进行得越发艰难，赵宇对自己拟写的文字一点也不满意，修改了无数次也没达到理想预期。于是，他开始急躁和焦虑起来，在不断重复修改自己的文案时，心里还莫名地开始愤怒起来了，嘴里不停地咒骂上司，埋怨公司不懂得体谅自己的辛苦……

将事情做到无可挑剔的完美地步，也是完美主义者一贯奉行的工作信条，但是在具体完成的过程中，则会出现各种各样的差错，进而会在急躁中怀疑自己的能力，再而开始滋生埋怨、愤怒等不良情绪。

生活中，很多个性急躁者都对“完美”二字怀有深深的敬意和恐惧，他们每次接到任务，都在担心自己会出纰漏，生怕自己的表现不够完美，为了舒缓情绪，把焦虑或恐惧降低，便会通过拖延来回避自己想面对的现实，进而进入“再急躁，再逃避”的恶性情绪循环模式。所以说，很多时候完美主义是滋生急躁情绪的“温床”。

不可否认，多数获得较高成就的人都不会让自己陷入不良型的“完美主义”情绪中。体育竞技场中的冠军、成功的企业家和荣获过诺贝尔奖项的科学巨子，都能认识到自身能力的局限性，允许自己不完美，能客观地看待自己犯下的错误，但是他们从不在急躁中浪费精力，而是致力于自我完善。所以，在生活中当你因为追求太过完美而产生“急躁”的情绪时，就要力求让自己冷静下来，着重于“自我完善”，而不是在毫无意义的焦虑中耗精费力。

“敏感”所带来的急躁个性：别再与自己较劲儿

有一类人之所以性子急躁，是因为其敏感的个性造成的。心理学家指出，敏感型的人，内心比较弱小，凡事爱与自己较劲儿，很容易对芝麻大的小事表现出紧张兮兮的表情，而且脾气极为暴躁，容易操心过度等。这种人多数情况下都有着极为严重的自卑倾向，太过在意别人或者是生活中的小事情，即对别人考虑过多，旁人则常会以“钻牛角尖”来形容他们。

凭借过硬的专业素养，露西终于被上海一家大型外贸公司录取，并且身担要职。对这份来之不易的工作，露西想在工作岗位上大干一场。但是，对于自己能否真正做好这份工作，她心里没有底。

在与领导的一次谈话中，她得知自己其实是深受领导器重的。从此之后，她感觉自己的责任更大了。为此，她一方面对工作兢兢业业，另一方面则是提心吊胆、惴惴不安，总怕出错。由于她的小心谨慎，半年内几乎没有出过什么差错。

在做具体工作时紧张，她倒还可以忍受，注意一点，认真一点，多检查一遍也就行了。但是，每次向领导汇报工作，在听领导给她提工作建议时，她就会感到紧张，觉得心都要跳到嗓子眼儿了。若是领导稍微地看她一眼，她就会担心自己哪里出现差错了。开始，她也只是见领导时紧张，后来就是见到了同事也会觉得特别紧张。别人说一点什么，或者皱一下眉头，她也会紧张得不得了，两条腿就会禁不住地打战，总想着自己在哪些方面是不是表现得不够好。经常处于极度的焦虑之中，人变得异常急躁，动不动就向下属发脾气。为此，她经常夜里失眠，而且头发脱落得也比以前更为厉害了。尤其是周一早上去上班的时候，心里会感到特别痛苦，不想去上班；情绪也极为消极，对工作也丧失了激情。最后，她再三考虑还是走进了心理咨询室。

在交谈中，心理医生了解到露西从小就是一个特别乖巧、听话和懂事的孩子，父母对她也没多操过心。小学、中学，一直到大学，成绩都很好，一切都很顺利。但是，露西对自己的评价却是这样的：第一，觉得自己的能力不够；第二，总害怕自己出错，担心自己做不好事情；第三，特别害怕被别人批评。

针对露西的心理问题，心理治疗师这样分析道：如果一棵树早年的时候被砍掉了一根树杈，那么，几年后被砍的地方就会留下一个疤痕，长出一个疙瘩来，而这个地方的木质纹理却会更为密实、更为结实。砍掉的一个树杈能使树变得更为粗壮。个人的经历也是如此，如果一个人从小受过一些挫折，如父母的批评、学习的打击、不如意的经历等，那么他抗挫折的能力就强一些。而那些一直很顺利的人，没有遭受过挫折，一旦遇到挫折就会不知所措。他们总是害怕自己出错或失败，会特别在乎自己的面子，不相信自己能够战胜困难，性格会变得异常急躁，精神时常处于疲惫和崩溃的状态。

生活中，一些人与露西一样，其急躁的个性都是因为敏感引起的，他们多数是因为童年时期所受的挫折很少，为此抗打击、抗挫折能力都极低，在遇事时生怕自己办不好，给别人带来麻烦，个性变得极为急躁。这样的人，很在乎他人对自己的看法，较为固执，敏感多疑，凡事考虑甚多。在人际交往中，由于其多疑的个性通常对他人持不信任与猜疑的态度，过度警觉，于是做起事来总是战战兢兢，显得极为不自信甚至懦弱，进而在遇到事的时候就显得极为急躁。

生活中，对于因敏感而急躁的个性，我们该从哪些方面去改变呢？可以尝试以下的方法：

(1) 凡事早做打算，学会放松。过于紧张的人总是担心会有什么样的事情发生，总是会不断提醒自己处处要小心，步步要谨慎。其实，这样只会影响自己的心情与工作效率。所以，在做事情的时候可以将自己所担心的事情列出来，然后对自己说：“没什么大不了，即便有些不完美，天也不会塌下来，自己的这些担心都是多余的……”这样来安慰自己就能缓解紧张的情绪了。

(2) 将“担心”变成“行动”。如果你特别害怕自己会出错，那么你就应该想一想如何才能避免出错。你可以拿张纸，把自己应该做的事情都一一地列出来，然后按照上面的内容去做，即可以转移自己的注意力，就不会那么担心了。

(3) 定期运动使人放松。运动，尤其是户外运动，如爬山、打球、跑步等，能让一个人的神经变得不再那么敏感。因为运动半个小时后，身体会出汗，体内会产生放松激素和快乐激素，从而缓解紧张的情绪。

同时，肌肉在紧张的时候，大脑也可以得到休息，在工作时能够集中注意力，不会过于紧张。所以，如果每天下班后如果能进行 30 分钟的有氧运动，便可以有效地缓解紧张的情绪，调节急躁的个性。

总之，你要记住，烦恼和压力都是自己心里生出来的，你说有，它就存在，你说没有，它便会消失，只要你心中认定它不存在，那么，它们也不会再来烦你了。

你不是性子急，而是“想要的实在太多”

现实中，还有一类人性子急，是因为他们内心有过多的欲望。这样的人总是贪求过多，甚至其所求已经超过了自己力所能及的范围。在强大利欲之心的驱使下，人的个性就会变得异常急躁，尤其是在个人欲望得不到满足的时候，便会显得浮躁不堪，脾气也变得很坏。

生活中，我们总是会为“飞蛾扑火”而叹息，总是会为“鱼儿上钩”而遗憾，但是如果静下心来仔细想想，你的不耐烦的急躁性情绪，有多少不是欲望所带来的呢？

淑梅是位都市白领，高学历，高收入，而且人也长得很漂亮，每天上班都有不同风格的打扮，时髦得体的她，赢得了周围所有同事的称赞。在一片赞扬声中，她的欲望越发膨胀起来了，为了更引人注目，为了讲求品位，她不惜花大价钱去购买名牌时装，去买名贵的珠宝，高档的箱包……然而，她的收入毕竟是有限的，对时尚的物质追求的强烈欲望，已经让她负债累累，每天都活在焦虑之中。处于焦虑之中的她对工作越来越没耐心，总觉得自己赚得太少。为了在月底能拿到更多的提成，她开始变得异常急躁，经常把原本一周完成的工作任务压缩到两天，还把高强度的工作分派给下属，使得部门内部的人对她怨声载道……而且她还动不动就发脾气，下属只要一犯错误，就会被她一顿臭骂……时常处于焦虑之中的她总是会莫名地为自己不确定的未来担忧，为自己身上的债务焦躁不安，她似乎已经完全被欲望牵着走了。

淑梅个性中的急躁，对生活所表现出来的焦虑，完全源于其内心的欲望。高收入的她，本来可以过得很快乐、很自由，但因为太过在意自己的形象，欲望太多，所以才会烦恼不断、痛苦不止，心灵疲惫不堪。

一位心理学家指出，在社会急速变化的大潮流中，人人都在追求物欲，但是个人能力又有限，于是急躁不安的情绪便滋生了。从这方面去分析，多数人缺乏耐心的急躁，都源于内心的欲望，即“想要的太多”。

其实，每个人可能都有这样的体验：我们在童年时期，因为无所欲求，所以会备感轻松和快乐。成年以后，因为内心的欲望太多，为了填满它，每天都在不停地忙碌着捡拾，认为自己捡到的都是好东西，殊不知捡起来的都是无尽的烦恼和痛苦。渐渐地，我们心中承受的东西越来越多，想拥有钱财、美色、饮食，想拥有权力、名望……凡是触及我们生活的东西，我们都想拥有，而当这些欲望一一得到满足时，我们的内心也就会变得异常沉重，心中塞满了烦恼，急躁的情绪自然就来了。久而久之，就养成了急躁的个性。所以，我们说，欲望是急躁之根源，只有及时消除内心的欲望，降低内心的奢求，变成一个“素”心人，就会快乐许多，人也会平和许多。对此，可以尝试以下的方法：

（1）从内心下手，将欲望和要求别人的标准降低，不要用自己的标准去衡量他人，同时也不要用自己内心的磅秤去秤别人。

（2）杜绝攀比心理。攀比是导致我们内心焦虑的最大原因之一，所以不要轻易与人比较，尤其是拿自己“没有的”与别人所“拥有的”去比。如果非要去比，就多拿自己的“长处”与他人的“短处”去比，如此一来，内心便会平衡许多，焦虑自然就消失了。

（3）焦虑时，请提醒自己：真正的幸福并不是“我能得到什么”，而是“我现在拥有什么”。一切寄托在外在物质上面的快乐都只是短暂的，因为任何东西只是你生活的“搭配”。幸福，是内心生长出的力量，那是一件只与自己有关的事。

依上面三点去做，内心的焦虑情绪就会得到缓解。当然了，我们说欲望是急躁之源，并不是说要让人完全彻底地“禁欲”。要知道，欲望也是人类前进的动力，如果彻底“禁欲”就是阻碍人类发展。我们要把握和控制好自身的欲望，使欲望既合理存在，又能够减少我们心中的急躁，不应把生活目标定得太高，要适度。同时，在实现目标过程中，也不要去侵犯多数人的利益，这样才能让自己不至于背负太多而愉快前行。

太重的“得失”心，会让你一败涂地

太重的“得失”心，也是导致一些人个性急躁的一个直接原因。这样的人往往很在乎“结果”，于是便带着“急于求成”的心态去应付“过程”。比如，学生为了获得一个“高分”，拼命地做习题，而不懂得去享受学习的过程，把自己搞得身心疲惫；企业的领导为了追求业绩的增长，不惜偷工减料，做出损害消费者的行为；某运动员为了拿到冠军，不惜做出“违规”的事情来……一个人若太在乎“得失”，把“结果”看得太重，最终只会害人害己，有的甚至毁掉自己的一生。

瓦伦达是美国最著名的高空走钢丝表演者，在一次极为重大的表演中，不幸失足身亡。事后，他的妻子这样说道：“我已经预想到他会出事了。因为他上场前总是不停地说，这次太重要了，不能失败，绝对不能失败；而以前的每次成功的表演，他总全身心地想着走钢丝这件事情，而不去管这件事情所带给他的一切结果。”

这就是心理学上著名的“瓦伦达心态”，即指一个人为了达到一种目的总是患得患失的心态。生活中，我们内心的急躁情绪何尝不是因为“瓦伦达心态”而产生的呢？马上要考试了，心中不停地告诫自己“一定要成功，绝不能失败”，在急躁的状态中考出了最差的成绩；一名百发百中的神枪手，在比赛的前一刻总是不停地对自己说“只许射中，不能失败”，结果却脱了靶；明天要去面试了，晚上就开始不停地嘱咐自己“别搞砸了，见面试官的时候一定要面带微笑”，在急躁的状态中却真的没被录用……对此，美国斯坦福大学的一项研究表明，人体大脑中的某一个图像会像实际情况那样刺激人的神经系统，最终导致糟糕的结果。比如一个高尔夫球手击球前一再告诉自己“不要把球打进水中”时，他的大脑中往往就会出现“球掉进水中”的情景，而结果真的就将球打进了水中。这项研究是从反面证实了“瓦伦达心态”。

这告诉我们，如果一个人太在乎“得失”、看中“结果”，心中就会犹豫不决，就会患得患失，在缺乏耐心的情况下，只会带来糟糕的结果。

刘丹是一家著名公司策划部门的管理人员，平时工作能力很强，也有个幸福的家庭。依她各方面的条件，生活应该过得很快乐才是，但事实并非如此。

原来，刘丹在各方面都很出色，唯一令她苦恼的就是她在做事情前总是顾虑太多，做任何决定前总会犹豫不决。有时候，虽然自己下了决定，但心中总是不自觉地会放不下，时常会担心自己的决定不正确。尽管她的同事都说她在各方面已经考虑得很周全了，但是她仍旧还是害怕自己会出错，害怕出错后被别人嘲笑。为此，她经常使自己陷入焦虑与苦恼之中。内心越急躁越苦恼，在做判断的时候就越容易出错。

在工作中，一个很简单的策划方案，她也经常会因为犹豫不决，最终错失了方案实施的最佳时机，给公司带来损失。犯了错

误后，她又会置自己于痛苦之中，就这样在恶性循环中重复自己的工作。一年下来，刘丹就因为各种工作中的失误被降了职。

一个人考虑得越多，心里的折磨就越大，前进的步伐就越艰难。刘丹急躁个性产生的原因在于她过于在乎别人对她的评价和看法，也就是说，她太在乎一些东西，太害怕失去，所以才患得患失，以致心理上受到了极大的折磨。为此，我们就要学着将“得”与“失”看得淡一些，别太在乎结果。要知道，很多事情的意义在于过程，而不在于结果，如果能享受做事过程中的快乐，那就不会常置自己于急躁中了。

袁隆平说：“要看淡结果和名利，踏实做人，才能取得一定的成就。现在少数人功利心和享乐心太重，总是太过在意结果，急功近利，到头来只是害人害己，只有踏实努力，才能体味前进过程中心灵的满足感。”

的确，一个人努力奋斗的意义在于过程，在于在其中体味追梦的激情，精神上的满足感和充实感。也正如有“经营之神”之称的日本企业家稻盛和夫所说，人生在世，直到终要咽气的那一刻，都是在体验各种各样的苦与乐，在被幸与不幸的浪潮冲刷中，不屈不挠地努力地活着，把这个过程本身当作“去污粉”，不断提高自己的人性，修炼灵魂，带着比初到人世时有更高层次的灵魂离开这个世界。我认为人生的目的除此以外别无他求。今天比昨天更好，明天比今天更好，从人生不断前进的过程中体味生命的富足。为此，我们不屈不挠地奋斗，勤勤恳恳地经营，孜孜不倦地修炼，我们人生的目的和价值就是这样确确实实地存在着。

奋斗是一种人生信念，是人生中最富吸引力的一种力量，最能激发人经久不衰的热情，它就像栏杆一般，让你扶着它走向人生的顶峰，让你在满足感和成就感中获得一种精神的愉悦。所以，我们切勿再去看重结果了，而应该在奋斗和前进中体味创造的意义，如果能做到这一点，我们将无往而不能。

当然了，要磨炼自己急躁的个性，除了懂得品尝奋斗的“过程”外，我们还应从以下两方面去努力：

（1）保持平常心。每次参加比赛也好，去做事情也罢，都要告诫自己：重要的是经历或过程，至于美名、金钱、结果等都是身外之物，不必去关注这些。

（2）避免干扰。如果你在从事某项活动时脑子中一直想着成功的喜悦与表扬，或失败后的痛苦与冷眼，那么，这一活动就难以顺利完成。所以，为避免产生“瓦伦达心态”，在某项活动开始前，一定不要去想结果，而应该把注意力放在事情的进展或技能方面。

毫无效率的“勤奋”，就是“瞎忙活”

现实中还有这样一类急性子者，在工作或生活中，一听到“目标”“任务”类的字眼，就开始不停地忙活，生怕自己落后于人而落人话柄、遭人诟病。在执行任务的过程中，他们丝毫不讲章法、规矩，更不讲计划性，而是胡乱一通忙碌，最终越忙越没效果，甚至还会让之前付出的努力白白流失，这种毫无效率的“勤奋”，让急性子者有了另一个代号——瞎忙族。

“瞎忙族”在性子急起来的时候，常有这样的表现：做事缺乏计划性，为追求“结果”，眉毛胡子一把抓；只顾忙，从不讲求方法，为此做了许多的“无用功”。另外，这类急性子者很多时候并不怕忙，就怕“无事可做”。

卢波是一家广告公司的设计员，是单位有名的勤奋员工。因为行业内激烈的竞争，让他始终不敢懈怠，生怕被淘汰。为此，多年的工作经历让他养成了一种习惯，绝不让任何一分钟被浪费掉：下班后，当别人在地铁上玩手机或睡觉时，自己却插着耳机在勤奋地学英语，以方便和客户顺畅沟通；在排队购物的时候，自己在勤奋地用手机阅读电子书，以给自己充电；在上厕所的时候给客户回邮件，沟通设计细节……尽管他有异于常人的勤奋，但他却很快发现，他每天工作的时间越长，放松的时刻越短，其情绪则会越焦躁。只要稍一停下来，便会感到莫名的恐慌！更为可怕的是，他越是努力，工作效率却越来越低，被否定的方案也越来越多，当下的他几乎每天都在害怕夜幕降临的那一刻，因为这意味着这一天将会有更多的事情被贴上“没完成”的标签。

卢波开始不停地自责，觉得自己很“无能”，直到他开始反思自我：做事不讲求方法，缺乏计划性，这是他经常“瞎忙”的原因。在某一天，他便列出了自己当天的行为清单，发现如下几个未曾觉察到的细节：自己时常在缺乏计划性的无序状态下开始新的一天；总习惯在工作前打开新闻浏览半个小时；总是会因为收到邮件、短信而分心；当其思维卡壳的时候，总是会迅速起身去泡一杯咖啡而不是顺着思路继续寻找答案……就是这些不易察觉的小习惯，制约着他所拥有的时间发挥出最大效率。

其实，生活中像卢波这样的人有很多：一位勤奋异常的学生总是疑惑：“我每天不是上课就是到自习室，为什么考试成绩还是没有那个每天下课就去玩的室友好呢?”很多在自身岗位上辛勤工作的白领总在年终的时候诧异：“我加班、出差，将周末全部都贡献给公司，为什么感觉自己一点儿也没有进步?”很多时候，我们的性子急就是长期在毫无效率的瞎忙中养成的。其实，工作做得好不好，是要看成效，而不是看你有多忙。其中最重要的一点就是怎样避免很多不必要的工作，把事儿放在点子上面，将精力用在刀刃上，而不是用在盲目的勤奋上。闷头做事，只做不想，会使你迷失方向，工作毫无头绪，生活杂乱无章，结果是越忙越穷，越忙越恐慌，越忙越性急，不知不觉浪费掉宝贵的生命。

对于因为缺乏效率而导致的性急者来说，要从根本上改变，首要的就是要提升效率，专注于学习并尝试高效工作、学习的方法。对此，你可以从以下几点出发：

(1) 为了提升效率，可以在着手做事前列好具体的实施计划。要知道，5 分钟的计划抵得上 5 个小时的执行。做事前，最好自己能一笔一画地将计划写在纸上，这样就会令自己有想征服的欲望。写下待办的事情，按照重要和紧急的程度去完成所有的清单。

(2) 做重要事要趁自己精力旺盛的时候。总结出自己精力的巅峰期和疲惫期，然后将工作根据自己的精力来进行合理的分配，在执行计划的时候要对自己的时间进行管理，这样便可以有效地提升工作效率。

（3）提升专注力。尼采说过一句话：“我为什么那么聪明，是因为我把精力都花在了有用的时间上面。”所以提升个人专注力，远离令自己分心的事情，是提升自我智力和工作效率的有效方法。生活中，急性子者做事情总爱“半途而废”，他们总是“做不完”一件事，也许是因为他们并没有真心实意地“想做完它”。如果想真正达到目的，那么在处理事情的时候，就不要一直盯着手机，处理棘手问题的时候就不要回复不太要紧的邮件，熬夜加班的时候就不要随手打开购物网站，等等。强行将自己的注意力拉回到当下的事情上来，是一位高效人士所必须要练就的能力。

（4）要懂得劳逸结合。不让自己处于“瞎忙”的混乱状态，就要懂得休息，更要抽出时间去运动。千万不要认为休息、运动是浪费时间的行为。事实研究表明，休息好了，可以使人精力充沛地处理好关键或要紧的事情。适当的运动，可以有效地提升工作效率。跑步、骑车、瑜伽、游泳等，每天只需要几十分钟时间，就可以使人的管理能力、精神状态和承压能力得到显著提高。

将意念强加于人：不是别人心眼小，而是你情商低

生活中遇到一点小事就发火，与人计较、争吵，是多数急性子者的特点。对此，心理学家指出，急性子爱与人计较，是因为总爱把自我的意念强加给他人。比如，在一些急性子者的心中，每个人都该遵守公众秩序，假如有人不按此去做，他们便会暴跳如雷，加以怒斥，以为这样就可以使对方在受到惩罚后自觉遵守公众秩序。如此一来，争吵也就来了。遇事常发火的急性子者总爱把自己脑中的固定模式或想法强加给他人。在别人不接纳的情况下，便会用发火或争吵的方式来惩罚对方，其实最终惩罚的却是自己。为此，急性子者要从根本上改变，就要懂得去换位思考。试想，你总想把自己的意念强加给别人，就算你是正确的，你也不能要求别人在第一时间就理解或接纳你的意图，人的大脑和心理都有一个反应和接纳的过程。所以，当你霸道地对别人生气的时候，别去抱怨别人的心眼小，而是你的情商太低，情绪控制能力太差。

今年 32 岁的梅华，人长得十分漂亮，从小到大都比较顺利，接受过良好的高等教育。如今在一家大型集团公司上班，在别人眼中，这样的女孩应该是受人欢迎的，也不应该有什么烦恼。事实上，她的内心却被一种痛苦的情绪包围着，苦不堪言。

原来，她经常会因为看不惯同事的坏习惯而与其发生争吵。

她承认自己是个急性子，对生活中或工作中看不顺眼的行为会莫名地恼火，甚至大加指责。总觉得身边同事做事太幼稚、太庸俗，似乎每个人的身上都有一大堆无法容忍的毛病。对别人穿的衣服也看不顺眼，总能给人挑出一大堆的毛病；同事吃饭的时候她总是嫌人家咀嚼声太大；同事说话声音稍大一些，她就说人家没教养，等等。总之，梅华总觉得与这些同事在一起工作简直就是一种煎熬。她从不怀疑自己的工作能力，但是对于自己是否要继续待在这里却拿不定主意。

离开这里吧，这里的待遇又这么好，工作环境也相当不错，有些舍不得；不离开这里吧，又十分烦躁。后来她找朋友诉苦，让朋友帮她拿主意。朋友建议她调整一下自己的心态，主动与同事打成一片，平时见面也要多问候，有快乐的事情要与大家一起分享……结果，还没有等朋友把话说完，她便急切地打断说：“若是那样，我就不是我了！绝对不行，我不会改变自己去迎合他们的！”

心理学上认为，那些成长经历比较顺利的人，从小娇生惯养的人很容易自以为是，挑剔别人，梅华就是其中之一。她总喜欢以自己的标准去衡量别人的言行，别人稍与她的标准不符，她就认为那是坏习惯。殊不知，世界上许多事物的评判标准并非只有一个，世界也不是以你为中心的，这样做只会使自己更加苦恼。面对这样的问题，如果不去认真地审视自己，调整自我态度，无论到哪里都会过得不开心。也就是说，如果不去改变心态，想通过改换工作去消除烦恼，是无法从根本上解决问题的。要彻底改变，就要学着接纳，学会换位思考。具体来说，需要从以下几点去努力：

（1）开阔胸怀，包容不同。一个人若一味地挑剔别人，不能包容别人，这些是由于自己狭隘的心胸造成的，心中只装得下自己，却不能容忍别人。要知道，花园是因不同的色彩才会缤纷绚丽，要认识到事物的多样性，只有以包容的心态去面对，才能与不同的人和谐相处。

（2）多为别人想，少以己度人。与人相处的最高境界就是：毫不利己，专门利人。只是，很多人却做不到这一点。但是，我们至少应该做到平等待人。你想别人对你怎么样，你就怎么样去对待别人。做事情的时候要多站在别人的立场上去想想，就可以知道别人真正需要什么，自己该如何去做了。

（3）寻找你与他人的共同点。每个人都有自己的个性，如果你能常用心找到别人的优点，自然就能够与他人和谐共处了。为此，你可以找出一张纸，将那些有众多小毛病的同事的优点列出来，就不会那么在意他们的缺点了。经常这样做，就会自觉去营造一种相对和谐的合作环境了。

总之，你若能多为别人着想，别人也会为你着想；你主动与人家打招呼，主动帮助别人，你也同样会得到别人的帮助，最终可以使你的工作变得更为和谐、顺利，长期坚持，你的性子也会慢慢变得平和。

你的焦躁不安，往往源于“攀比”

在越来越现实的社会中，“攀比”无疑是滋生和培养“急性子”的又一因素。生活中，对很多人来说，哪怕收入微薄，哪怕身居陋室，哪怕粗茶淡饭，只要不去外面“比较”，都没问题，但是一到外面，众人扎堆一议论，心中马上会生出许多焦躁感和不平衡感。

“他职位比我高，收入比我多，事业比我做得好，怎么才能追得上人家呢！”

“她嫁的老公是金领精英，我的老公只是普通的小职员，所以，她比我幸福！”

“他儿子上的是名牌大学，我的孩子连大学都难考上，哎，真是悲催啊！”

“同学刚买了大房子，地段好，环境好，而我到现在房租都交不起了，真是悲哀啊！”

……

多数人对现实生活所产生的焦急感，都源于一串清单，而清单上的每一条款，大多都是与别人“攀比”得来的。也正如一位心理学家所描述的那样，正是因为在人群中习惯了仰视，才让人的性情变得越来越焦躁和不安。从心理学的角度出发，攀比会让人产生不安和自卑，让人做事越来越急功近利，不肯脚踏实地，是人生苦难的源头。

有道是：山外青山楼外楼，比来比去何时休？“好”只是相对的，只要把握当下，谁都可以拥有属于自己的幸福，为何要比来比去的呢？人也只有用心去感受自己的幸福，才能真正体会生命的美好。

刘梅与丈夫一同用积累了十几年的工资在北京五环边上买了一套两居室的新房。房子是他们精挑细选买下来的，交房后，两人又一同商定了装修风格，一同买自己喜爱的家具。一切就绪，一起搬进了新家。每天下班后，看到与爱人一起筑起的“爱巢”，刘梅心中都会泛起一阵温暖，脸上的笑容也变得甜蜜多了。

但没过多久，她的这种美好的感觉却被朋友的另一套房子给“打碎”了。原来，刘梅的一位好朋友最近也买了一套房。装修后，对方就打电话让刘梅到家中来参观。朋友的房子地段很好，而且房子还特别大，里面的装修都采用高档的材料。刘梅从朋友家中回来后，脸上的笑容就消失了，脾气也变得越来越大，尤其是对丈夫，动不动就骂他无能，觉得自己太过倒霉，摊上如此没能力的老公，还时常对不听话的儿子发火。就这样，她原本的和缓性子，被好朋友“更好”的房子给冲击掉了，着实变成了一个急躁的“怨妇”。

“攀比”的心理会冲击掉原本幸福的感觉！要知道，别人的房子更好，花的钱自然要多，付出的辛苦也多，那就让对方“更好”吧！自己不想太累，不想背负太大的负担，买一个舒适的小窝，独自感受当下的惬意的生活，不是很好、很幸福吗？

与他人“比较”，往往会让你只看到别人的光环，会给自己带来诸多阴暗和不愉快的感觉，怀有比较的心理去工作或者生活，即便再有优势，也难免会使自己的心理失衡，也不会有愉快的感觉。比较是极为危险的，它会让我们忽略或者不满足自己所拥有的，会让我们错失掉很多美好的东西；比较会挑拨起我们的野心，也是在诋毁我们自己所做的一切努力，让我们所得的和已经拥有的变得毫无生机和意义……所以，要想永久地生活在幸福之中，就不要再去比较了，而是用心感受自己当下所拥有的一切吧！

阳光明媚的春天，一个旅行团到一个著名的花城中去旅游，在赏花的过程中，大家看到一大片玫瑰花开得很好，有位旅客就情不自禁地赞叹道：“真美啊！看到这么美丽的花真是太兴奋了！”而坐在一旁的另一位旅客却说道：“这有什么，这玫瑰花哪有对面那个园中的牡丹花漂亮啊！”这话刚一出口，车上游客的心中就不免有些暗淡了，好像整个园中的玫瑰花完全失去了色彩。

玫瑰有玫瑰的香，牡丹有牡丹的美，二者是没有可比之处的，你只需要欣赏当下就能够享受到满心的快乐和满足。否则，所有的美感都会全部消失，我们也就错失了当下的快乐和满足，难道不是吗？与其做比较，不如换一种想法“这个很好，那个也不错”，都能用积极的心态去欣赏当下的美丽，享受自己所拥有的快乐，那么，你的心情将会永远是快乐的。

现实中，人与人之间，在能力、环境、际遇方面是有很大的差异的。很多时候，这种差异还是悬殊的，也是难以改变的，我们盲目地与人“攀比”，除了徒增不平衡、急躁情绪外，并不能从实质上改变什么。当你意识到这一点后，还可以尝试以下方法来平衡自己的急躁情绪：

（1）知足常乐。生活中我们难免会与他人“比较”，而正确乐观的比较应该是自己和自己比，把自己的今天和自己的过去比。只要你努力过，且通过努力进步了、收获了，即便仍不如人，也丝毫不必自惭形秽。因为每个人的基础不同，经历也不同。同样一双手，十个指头还不一般齐呢！

（2）活出自己。人的一生，不追名，不逐利，只要活出最真实的自己，走自己的路，体味自己的精彩人生，就不会因为比较而产生不平衡的心理。

（3）当你因为别人的“好”而对自己的未来充满恐慌时，就在心里暗暗给自己打气：“怕什么，你所有的终有一天我也会有。”“我一定能行。”当你这样说时，全身就会充满力量，不平衡的心态便会消散。

你内心真正急的，是对当下问题的“无能为力”

急性子遇事爱着急上火，其实内心真正着急的是“对当下所要处理的事情或要解决的问题感到无能为力”。心理学家认为，一个人只有在悔恨或者事情得不到解决的时候，内心才会焦躁不安。同时，别人在没有依你的期望预期行事时，内在的情感得不到满足的时候，就会忧虑、冲动或生气。所以，对于急性子者来说，当你因为某事或某人而着急上火的时候，最好的办法就是反思自我，让自己冷静下来，想出解决问题的方法。当然，最根本的解决办法就是提升自己的能力，让自己的内心强大起来。

工作中，我们常会因为上司的一句批评而惴惴不安，对接下来的工作心存焦虑，也可能会因为他人的嘲笑、挖苦而烦躁难耐，也可能会因为目前自身的身体状况不佳而愁眉不展……我们之所以会如此痛苦、烦躁，都是因为自己无法处理面临的各种困难，这些难题不会随着时间的流逝而淡化，反而会逐渐成为巨石甚至大山一样的负担。时间越长，人越容易发现自己依旧不能解决这些难题。这种负担是人焦虑情绪的起源，也是滋生和培养急性子的“温床”。究其本质，则是因为我们不能承担这种负担，无法解决困难，改变自己当下的处境。

这就可以理解为，急性子者在面临难以解决的困难时通常是软弱的。而人苦于无法解决困难，逐渐认识到自己的无能后，除了怨天尤人，就是不断地滋生急躁情绪。遇事因为急躁而使自己失去理智和清醒，让自己越发对当下的问题“无能为力”，是一种愚蠢的行为。对此，卡耐基说，一个真正的智者，遇事会先冷静，然后学会从困境中总结自己，找到真正解决问题的良方。

这一天，49 岁的伯尼·马库斯像往常一样，拎着心爱的公文包去公司上班。

在 20 多年的职业生涯中，他始终都勤勤恳恳、兢兢业业，才坐到今天职业经理人的位置上。他只需要再这样工作 11 年，就可以安安稳稳地拿到退休金了。可是，他万万没有想到，这一天却是他在公司工作的最后一天。

“你被解雇了。”

“为什么？我犯了什么错？”他焦急地问道。

“不，你没有过错，公司发展不景气，董事会决定裁员，仅此而已。”

是的，仅此而已。他听到这个理由，内心的怒火顿时蹿上来，想在公司大闹一场，把董事会的成员给揍一顿。但是，他却又立即让自己冷静下来了。因为他知道，接下来解决繁重的家庭开支才是最主要的，冲动只能解一时之气，却并不能解决全家的生活问题。

在那段日子，他的内心焦虑极了，他经常会去洛杉矶一家街头咖啡厅，一坐就是几个小时，以此来化解内心的苦闷。

有一天，伯尼·马库斯遇到了自己的老朋友——同样遭到解雇的亚瑟·布兰克。他俩互相慰勉，一起寻求解决的办法。“为什么我们不自己创办一家公司呢？”这个念头像火苗一样，点燃了两人压抑在心中的激情和梦想。于是，就在这间咖啡厅里，他们策划建立新的家居仓储公司，制定出了“拥有最低价格、最优选择、最好服务”的制胜理念和使这一理念得以成功实践的一套管理制度，然后就开始着手创办企业。那是1978年春天。

20年后，他们的原本名不见经传的小公司发展成为拥有775家分店、15万名员工、年销售额300亿美元的世界500强企业，那就是闻名全球的美国家居仓储公司，成为全球零售业发展史上的一个奇迹。奇迹开始于20年前的一句话：你被解雇了！

一位哲人说过，一个人在没有实力的情况下，急躁地向人发泄坏情绪是毫无意义的行为。所以，当你生活遇到难事、人生遇到困境时，要认识到焦躁不安除了给你增加痛苦和精神压力外，真的毫无任何用处。要知道，你的急躁、生气和焦虑只是因为你无法解决当下的问题，在这样的情况下，与其无休止地愤怒，不如及时行动，努力去改变或扭转既定的事实！正如马库斯一般，在绝望中寻求希望，再付诸行动，才能从实质上解决所面临的难题。

其实，人在无能或无可奈何时，要控制自己的急躁情绪，一般有两种途径：

（1）正视困境，正视自身，意识到困难是一种生命过程，把困难当作一种磨炼，通过面对困境来提升自身的意志力，让自己的实际能力得到提升，进而轻松解决难题，化解危机，根除急躁的根源。

（2）认识到困难不可避免，以及自身的各种弱点和缺陷，承认自己的软弱和卑微，且采取顺其自然的方式，乐观淡然面对困境，在力所能及的情况下，努力对自身和困境都做出改变，尽可能地减少困难对自身产生的影响，弱化急躁给自己带来的伤害。

冲动、易怒多是智慧不够的“产物”

从心理学的角度分析，性子急、脾气坏的人，心灵上都长有一种“戾气”，那是其智慧不够的产物。就是说，性子急的人，大多数情况下都是因为其内在的智慧不够丰盈。其实，每个人都可能有这样的体验：阅历越深，对人和事就会越宽容，这其实是对自我的一种接纳，是一种智慧。所以，请收敛好你的性子，管好你的坏脾气。

星期天，张波与一伙朋友闲聊时谈及另一位朋友："那个家伙什么都好，就是有个毛病不好，就是脾气太过暴躁，爱生气。"谁知，被说的那个人刚好路过，听到了这句话，马上怒火中烧，立即冲进屋中，捉住张波，拳打脚踢，一顿暴打。

众人赶忙上前劝架说道："有什么话，好好说，为何非要动手打人呢?"而对方则怒气冲冲地说道："此人在背后说我坏话，还冤枉我脾气暴躁，爱生气，所以就该打!"众人听罢，便说道："人家没有冤枉你啊，看你现在的样子，不是脾气暴躁是什么呢?"对方立即哑口无言，灰溜溜地走开了。

这个故事说明，人的坏情绪完全是智慧不够的产物。性子急、脾气暴躁的人，遇到一点不顺心或不愉快的事就会怒不可遏，立即上去乱打一通，结果却让事情变得越来越糟糕。因为智慧不够，所以对周围的世界与事物看不透、分不清，也就极容易生出怨气和怒气来，长此以往，只会让众人远离，将自己推入绝境中。一个真正富有智慧的人，其内在思想是丰盈的，他对这个世界、对社会和人生都有一套较为完整的看法，所以，无论遇到何人何事都会保持淡定和从容。同时，他们无论在任何情况下，都会及时转换心态，获得快乐。

在一条菜市街上，一位卖果蔬的老妇人做人很厚道，对客人也极为热心，无论面对怎样刁难的顾客，她都能和颜悦色地对待。另外，她的果蔬不仅新鲜，而且价格也极为公道，所以，生意总是特别好。这让与她相邻的几家小商贩很是不满。为了出气，他们每天在扫地的时候，总会有意地将垃圾扫到她的店门口。面对此，这位老妇人看在眼里，却从未与他们计较，而且每次还会把垃圾扫到角落里堆起来，然后又将店门清扫得干干净净。

后来，有一位热心的人忍不住问她：“周围所有人都将垃圾扫到你家大门口，你为什么一点脾气都没有呢？”老妇人却笑道：“在我们家乡有个习俗，过年的时候大家都会把垃圾往家里扫，因为垃圾就代表财富，垃圾越多，就代表来年你赚的钱也越多。现在每天都会有人把垃圾扫到我这里，代表我的财运不错，我感谢他们还来不及呢，怎么会发脾气呢？”

就这样，老妇人每天都会在清扫垃圾的过程中，将有用的收起来，变废为宝，为自己带来了一笔额外的收入。

面对他人的故意挑衅，很多人都会大动干戈，怒火中烧。而这位老妇人却能及时地转换自己的心态，欣然接受，并将垃圾变废为宝，为自己赢得了财富，这难道不是一种过人的智慧吗？一个平和之人，因为有厚实的内在知识和底蕴做支撑，有宏大的人生格局，所以不会去计较个人的得与失，更不会对他人的冒犯耿耿于怀，因为其内心是一个完善和丰富的世界。这样的人，对自己与周围的人和世界都有极为强大的信念，这种信念能让他坚持自我原则，与世界万物和谐地相处。

一个富有智慧的人，内心是强大的，其有开放的意识与开放的心态，对于任何不同的声音，他都能够认真听进去，然后用自己的逻辑、常识、常理、直觉、经验以及科学的方法去检验，所以他们对于他人冒犯性的行为和话语不会轻易发怒，而是会理智且和谐地解决与他人的冲突和矛盾。

所以，如果你是一个爱生气、易发怒且想改掉这些坏毛病的人，请先懂得用书籍去充实自己的大脑，丰盈自己的内心，增添自己的智慧吧！

第三章 守嘴不惹祸，守心不出错：别成为他人排斥、反感的对象

遇事沉不住气，爱意气用事，管不住自己的嘴巴，尤其是在气愤的时候，说话口无遮拦、时时伤人是急性子的最大特点。也正因如此，他们总会成为他人排挤和反感的对象。同时，这也是造成他们爱情不顺、家庭不和谐的重要因素之一。所以，对于急性子者来说，守住嘴、管住心是与人相处的关键。所谓的“守住嘴”即指在失意或得意的时候，要管住自己的嘴巴，不随意伤人，不说不该说的话，守住内心的秘密；“管住心”即指在冲动或愤怒的时候，不随意做决定，不争吵，不感情用事等。

失意时不快口，得意时不快心

急性子者大都是“心直口快”的，他们心里藏不住事，即便是一时藏住，也会在失意或得意时忍不住说出来。多数急性子者在失意的时候，似乎总会有一肚子的委屈，这委屈憋着不舒服，总想将它向人倾诉出来才好。而这些说出来的委屈叫什么呢？叫作怨气。同时，急性子者在得意的时候，也总夹不住自己的尾巴。这根尾巴时不时地要翘起来向大家展示一下。这根夹不住的尾巴叫什么呢？叫作傲气。于是，“失意时快口，得意时快心”便成了急性子者常犯的毛病之一。

张萍是个急性子，毕业后到一家杂志社上班，进单位前一段时间还表现甚好，但就是管不住自己的嘴巴。她刚进单位一个月左右，她做的一个方案就获得了领导的表扬。为此，她天天神采飞扬，与同事聊天时，就会说“像我这类文采飞扬的人将来一定会在这里成为上上人，总编的位置迟早是我的”等这类的话，让其他同事极为反感。

午休时分，同事之间聊得正热闹的时候，张萍也会凑上来向大家抱怨：这工作真是没法干了，天天加班，这不是要累死人吗？领导真是没眼光，怎么选中那个方案……很快，张萍便成为众人议论的焦点，没过多久，她便被解雇了。

生活中，与张萍相类似的急性子者有很多。他们的嘴巴和行为总是受自身情绪的影响，在失意的时候，会牢骚满腹、怨天尤人，随口就向人喋喋不休地发泄自己的怨气。而在得意的时候，便又会口不择言，随意向人炫耀，招人忌恨，甚至还会错失机遇。

所以，急性子者在处世立身的时候，要谨记两点：在失意的时候管住自己，别随意发泄自己的怨气。要知道，抱怨非但不能解决任何问题，还可能让你在失败的情绪中越陷越深。在众人心中，怨天尤人表示你心智浅薄、缺乏自信，更没有独立面对困难和逆境的勇气。同样，在得意的时候，也不要有傲气，不能无所顾忌地滋生自己的傲气。傲气的人是不受欢迎的，甚至还可能招致别人的妒忌，把自己变成众矢之的。

急性子者要努力在任何环境之中，都不要忘记自己原来的样子，要懂得忍耐，学会收敛。不要为了逞一时之快，而忘了后果。是金子总会发光，黄沙掩不住珍珠的光华。等到有一天，你回过头来看的时候，你会发现你留下的不是只有痛苦和快乐，还有很多其他的东西。

一位哲学家说：人生有两种境界，一种是痛而不言，另一种是笑而不语。富有智慧的人，在失意的时候，不会有怨气，即便有怨气，也不会喋喋不休地用自己的委屈和不满去换取别人的同情，他们会打碎牙咽到肚子里后旁若无人地为自己疗伤。因为他们懂得，只有把失意藏于心，才能励精图治，获得长久的发展。在得意的时候，也绝不会因为贪图一时的虚荣而将自己的荣耀公之于众，更不会像急性子者那样扬扬自得地将自己的丰功伟绩大白于天下。而是懂得低调做人，在别人说起自己的丰功伟绩时也会用谦虚的心态相对。

争执是一场“稳输不赢”的比拼

人是群体性生物，都需要与人交往、沟通，在此过程中难免会因为双方思维和利益等方面的不同而与人产生分歧。在分歧产生的时候，许多急性子者总是忍不住会与人争吵。但无论是因何原因与人发生口舌之争，最终的结果只能是让人郁郁寡欢、心生不快，甚至会导致两人厮打起来。

心理学认为，人人都有表达自我的需求，真正的智商需要的是宽容和接纳别人的不同。如果你非要对方认可你甚至达不到目的还与对方发生争吵的话，最终只会招来最差的结果。正如一位哲学家所说的那样，争执是一场稳输不赢的比拼，你与人争论，无非是想赢，可最终你能赢到什么呢？赢到的只是“一肚子的怨气”，而输掉的却是你的气度、修养，还有你与对方之间的感情、和气、友情或幸福。

王翔是某知名大学中文系的才子，不仅能诗善文，而且也很有口才。这样的人，周围应该有很多朋友，但是事实却相反，主要因为他是个急性子，爱为小事与人发生争执。

有一次，王翔与几位朋友一同去参加另一位朋友的婚礼，在如此喜庆的场合，王翔却因为太过急躁、较真，把场面搞得很尴尬。

席间司仪说："在座的朋友都知道，新郎、新娘是名副其实的'青梅竹马'，在这里我给大家解释一下这个成语的来历：相传宋代的时候有个著名的女词人李清照，她与她的丈夫赵明诚自小相爱……"司仪的解释显然是错误的，但是在场的人出于礼貌，谁也没去说破。但是急性子的王翔却忍不住了，就大声在台下说道："你说错了，这个成语是李白写的……"顿时，那个司仪脸上红一阵白一阵，但是对方又是个嘴硬的人，接着说："这位先生，您说是李白写的，有什么证据吗?"

王翔得意地说："当然有了，这个成语出自李白的《长干行》……"这样一来，让那个司仪面子尽失，场面顿时也冷清了许多。这时候新郎很不高兴地将王翔叫到一边说："人家是来帮忙的，你跟人家较什么劲呀！这是结婚啊！又不是学术辩论会。平时大家都不愿意与你交往，就是这个原因……"

在别人本应喜庆和气的婚礼现场，王翔却因为性子急、爱较真儿，非要与对方争个明白，不仅将场面搞得很尴尬，而且还成为大家厌弃的对象。仔细分析，在王翔的这次争执中，他除了给自己争回来点"有才气"的虚荣面子外，最终输掉的却是友情、气度和德行。

《菜根谭》的原文有几句话："涉世浅，点染亦浅，历事深，机械亦深，故君子与其练达，不若朴鲁，与其曲谨，不若疏狂。"而这里的"涉世浅"，主要指那些刚刚毕业的年轻人，入世很浅；"历事深"主要是指人生经历的事情太多，机械亦深。当然了，这里所说的"机械"主要是指那些爱在小事上纠结、计较的人。

所以，其下面便说“故君子与其练达，不若朴鲁，与其曲谨，不若疏狂”，就是我们通常所说的，做人过于通达的话，反而不如在有些地方糊涂马虎一些的好。其实，这主要是告诉世人，凡事不能太过计较算计，也不要太过固执，做事也别太死板，否则很容易走进人生的“黑洞”中无法自拔。它也从另一方面告诫世人，对很多事情，一笑置之就好。

刘刚是一家企业培训机构的老员工，跟着老板打拼几年，终于使公司有了好的发展势头。后来，公司终于上市，刘刚自然是大“功臣”，老板就将一个重要部门交给他打理，并且给予股权奖励。可刘刚对此非常不满，觉得老板应该把“副总经理”的位置给他。于是，他越想越生气，性子急的他有一天终于忍不住冲进了老板办公室，叫嚣道：“公司刚成立的时候我就在这，就算没功劳也有苦劳吧！现在只让我做部门经理，是不是太不厚道了?”刘刚足足朝着老板怒吼了 10 多分钟。办公室的其他员工都很紧张地望着老板，都以为老板对此无法忍受，甚至两人还会打起来。然而，老板并没有这样做，他仔细地听了刘刚的讲述，并没有反驳。一开始，员工们觉得老板是理亏，所以才默不作声。经过这么一通发泄后，刘刚的内心也平静了许多。老板见状，只是安慰了他几句，并没有与其发生争吵。

后来，一次偶然的机会，刘刚得知，老板之所以让他做核心技术部门的总负责人，是因为太过信任他的缘故，同时也想让他施展科研方面的才能。老板本来计划要交给他更重要的任务，就是因为他没有很好地控制住自己的脾气，失去了机会不说，也失去了老板对他的信任。不久后，他因为失职便被董事会投票开除了。

刘刚在这场争辩中，除了使自己失去了修养外，还失去了机会和人气，最终只落得个惨败的下场。可见，在关键时刻控制自己的情绪是多么重要的事情。

人人都有脾气，都会冲动，而急性子者在冲动时往往不考虑事情的后果，也不去冷静地分析、考虑和认清事情的本质，更不去追究事物发展的规律，从而让自己失去机会。正如《菜根谭》中所说的那样：性躁心粗者一事无成，心和气平者百福交集。所以，在生活中，我们切勿因为冲动而与人发生争执，那是一场“稳输不赢”的比拼。

有一种伤害叫痛彻心扉：别随意向人“飙”狠话

急性子者之所以易冲动，是因为内在情感比较丰富且浓烈。他们对人产生爱意的时候，便会爱得死去活来、死心塌地。而一旦恨意袭来的时候，便丝毫不留情面，恨不得一招能“戳”到其痛处，让对方痛不欲生，尤其是在与对方争吵的时候，很容易用“狠话”去攻击对方，哪句狠就“飙”哪句。但等他们过后清醒时，又觉得自己做得确实“过分”。于是，开始自责，求得谅解，但这种做法已经无法弥补受伤者心中的伤痛。

张晓是个急性子，说起话来总是口不择言，尤其是对自己身边熟悉的人。一个星期天，她窝在家一整天都没出门，妈妈就劝她说："平时工作那么忙，好不容易过个星期天，还不出去透透气，天天窝在家里很容易患抑郁症的！"张晓听罢，顿时性子急了起来，便对妈妈说："在小学的时候，我想出去玩，你对我说小孩子自己出去太危险了，在家待着吧！初中的时候，我想出去玩，你会说还有那么多作业，还是先做完作业再说吧！高中的时候，我想出去玩，你会说，马上高考了，你还敢出去玩？终于，我上了大学毕业参加了工作，我在家里你却让我出去玩，但我现在连一个玩的朋友都没有，我出去找谁玩呢？"妈妈听了这些话，很明显地感觉到这是女儿在怪自己，便说："我也有苦衷，小时候当然要以学业为重了，我把你养这么大，把你培养得这么优秀，你竟然怪我！"张晓说："我与同龄人比起来的确够优秀，但是长这么大，我活得一点儿也不快乐！"妈妈听出了张晓话中的怨气，便说："那是我的错啦，早知道现在当初真是不该把你生下来，现在长大了知道来气我了！"

急性子的张晓丝毫不示弱，便说道："那你当初生我干吗！当初你生下我，就该直接扔掉，把我养大就是让我受罪的吗？"妈妈听到这话，怒气一下子便蹿上来，朝张晓吼道："给我滚出这个家门，永远不要回来！"张晓听了这话，拿起衣服狠狠地甩门而去……

张晓来到姥姥家哭诉妈妈的"暴行"，边哭边埋怨妈妈对自己太过苛刻。一旁的姥姥了解情况后，对张晓说："你爸爸走得早，你妈妈一个人带着你不容易，你小时候，她一边上班供你读书，一边还要督促你学习，就是为了让你长大后自立自强。为了不让你受委屈，她宁愿一个人带着你受苦也不愿再嫁。她对你是苛刻了一些，但你用那样的狠话伤她的心，确实是不对啊！”听到姥姥的话，张晓顿觉自己确实做得太过分了。她想起了自己在初中的时候，妈妈为了让自己和别的小朋友一样有一辆自行车，中午冒着火辣辣的太阳去公园捡垃圾；为了让自己在学校吃好的用好的，曾利用业余时间到别人家里做清洁……想到这里，张晓的泪水顿时充满了眼眶。

的确，有些狠话出口后，那种伤害有可能影响人的一生。而急性子者却不自知，他们情绪一上来，尤其是在与人争吵的时候，便什么也不顾，哪句“狠”就说哪句，句句戳中人的心窝，让人日后回忆起来也是痛彻心扉。所以，急性子者要时时注意自己的话语，尤其是在与他人争吵时，你所“飙”出的狠话，很多时候都会成为伤人的“利剑”，甚至让对方受到永久的伤害。

刘静和男友相识一年多了，两人是有感情的，但最近两人却在闹分手，原因是刘静的脾气太坏、太急。两人只要一吵架，刘静就会向男友怒吼道：“看看你的样子，人长得又矮，家里条件又差，而且挣得又少，你哪一点儿配得上我呀！我找了你，也是倒了八辈子血霉了！”每次听到这话，男友的心就像刀割一样，很不是滋味。但事实就是如此，他也不好意思反驳。

有一次，两人又因为饭后谁洗碗的事情吵了起来，刘静怒吼道：“看你样样都配不上我，还不去多干点家务弥补下你的缺点！”这话刚出口，男友便开始收拾东西，要离开。刘静更来气了，说道：“怎么着，就你这个样子，还要和我分手，你配吗！”男友什么话也没说，只是收拾了东西，离开了，再也没联系过刘静。

后来，刘静像疯了似的开始找男友，可对方换了单位，换了号码，从此在刘静的世界里彻底消失。刘静开始反思自己的行为，其实男友对自己还是不错的，平时处处体贴、关怀她，可自己却在不断地用“狠”话伤他的心，确实不应该！

生活中，我们每个人都爱把自己最有修养的一面留给陌生人，而把最差的脾气和态度留给自己人，急性子者尤其如此。他们见陌生人时会有意地收敛自己的急躁情绪，而在自己熟悉的人面前，则往往会句句“戳”到对方的痛处。这是因为我们对熟悉或亲近的人最了解，他们的情感、心思，甚至弱点都被我们熟知，于是我们用吵架去伤害他们的时候，总是能稳、准、狠地进行话语攻击，让他们体无完肤。他们因为爱你，所以才向你袒露自己的一切，而急性子者则会以此作为伤害他们的武器，这种伤痛对他们来说简直是毁灭性的。所以，急性子者在与人吵架的时候，一定要懂得控制好自己的脾气，当你向亲近的人说狠话的时候，要先去想想后果，尽量别让“狠”话出口，不要让你熟悉的人受伤，因为这份伤害会反弹，最终也会伤到你。

不要让你的“童言无忌”，伤害到他人

生活中，急性子者之所以会行动风风火火，说话口无遮拦，是因为他们内在比较单纯。很多时候，他们不会把事情想得太过复杂，考虑问题自然也不会太全面和周到，为此常常招致误解。他们说话本身并不带恶意，但是因为太过直爽，不注意说话的方式和方法，最终却伤害了他人。

生活中，多数人之所以不能友善地对待直言不讳的人，是因为这些急性子者无法从真正意义上理解“说者无心听者有意”究竟是怎么一回事，不知语言的杀伤力，所以常常自认为自己不怀恶意的“童言无忌”没什么大不了的，却不知他们在无形中给别人带来了伤害。

刘丹是个急性子，做事大大咧咧，心里想什么就说什么，不太顾及场合和他人的感受。为此，经常受到朋友和同学的排挤。

一次，刘丹的小姨家要举办“满月酒”，宴请宾朋好友。这可让刘丹的妈妈犯了愁：刘丹说话经常不经大脑，一开口便会惹得众人不开心。但是，刘丹和她小姨家大女儿关系很要好，再说，两家离得又近，不带刘丹去帮忙，又怕对方不高兴。

经商量后，刘丹立即向妈妈保证：自己当天绝对不说一句废话。满月酒的当天，家里人就带着刘丹去帮忙了！

在小姨家中，刘丹果然是一语未发，小姨也逐渐放下心来。

直到最后帮完忙，要离开的时候，刘丹突然当着满月孩子的面，对小姨和姨父大声说："这回我可什么话也没有说，你家孩子要是将来生病了，可不关我的事啊！"

刘丹并没什么坏心，但因为她个性比较单纯，说话不讲究方式、方法和场合，屡屡"童言无忌"，最终只得遭人讨厌。

张俊是某公司的销售人员，有极强的工作能力。每当与周围的朋友谈及他的工作业绩时，得意之情就溢于言表。

有一次，张俊与几个客户在一起吃饭，一方面是为了加深感情，另一方面是想与这些客户探讨一下下一步的工作安排，看是否有合作机会。

刚开始，大家聊得很开心，但是酒一下肚，张俊就口不择言了，加上自己刚拿下了一个大订单，忍不住就开始大谈他的捞钱经历和销售"功绩"。

在场的一位朋友是公司的销售经理，听到张俊滔滔不绝的讲话，面色极为难看，低头不语。一会儿去洗脸，一会儿假装去厕所，最后饭没吃几口，就找借口提前离开了。原来，这位销售经理因为销售业绩下滑，刚被降了职。

后来，当张俊了解到真相后，便打电话向对方道歉："我是个急性子，说话从来口不择言，那天的话你可别往心里去啊！"不打电话还不要紧，这电话一打，对方更生气了，说道："你那天没说什么不恰当的话啊，这道的哪门子歉啊！"随后，一位同事了解情况后，对张俊说："你可真幼稚啊！本来那天你在失意者面前说得意的事是有些不合时宜，但是你这电话一打，对方肯定认为在你心中他是个小肚鸡肠的人，那以后还怎么再与你交往呢！”张俊听完，顿时明白了，自己的举动确实有点幼稚。

很显然，在这个事件中，张俊犯了两个错误：一是他在讲话的过程中，不顾及对方失落的情绪，只顾夸耀自己，最终引人反感。要知道，失意之人心理是异常敏感和脆弱的，极容易受到伤害。这时候，有人在其面前大谈得意、成功之事，就感觉是对自己的嘲弄与蔑视。这样只会招致失意者的反感，甚至会对你产生一种仇恨心理，从而再也不愿与你交往；二是意识到自己的错误后，他还“错上加错”，给对方打电话致歉，这就将对方“不够大度”的缺点暴露无遗，怎么不会招致对方的反感和忌恨呢？

很多时候，急性子者因为“性急”，考虑问题很不全面，不懂得替他人着想，所以很容易做出让人生厌的傻事来。要克服这点，不被人厌弃，就要懂得克服自己的个性弱点，凡事在做之前，一定要先过大脑，先考虑清楚，多从他人的角度考虑问题，同时在性急的时候，也要学会管管自己的嘴巴，这样就能让自己少犯错误了。

三思后再“开口”，不要口无遮拦

对于急性子者来说，生活中多数不愉快的事源于口无遮拦。他们的情绪通常不稳定，遇事一旦性急起来，为了发泄，很容易口不择言，滔滔不绝，最终自己说开心了，却不知在无意中给别人带来了伤害。

张媚是个漂亮时尚且温柔贤惠的女孩，与男友相恋 3 年，两人到了该谈婚论嫁的时候了。但是，张媚的男友很是恼心，张媚的确是个不错的女孩，唯一让他苦恼的就是她口无遮拦、说话不经过大脑的个性。

一次，男友将张媚带到家里见父母，男友的父母看到她很高兴，当眉开眼笑地夸她时，她很得意地一边将带去的补品呈了上去，一边口中念念有词："叔叔，阿姨，这个每天早上和晚上各吃四粒，很好记的：早四粒晚四粒，早四（死）晚四（死），早晚要四（死）。"

男友看到爸妈一下子变了脸色，赶紧低声警告她说："哎，你怎么说话的，你也太二百五了。"谁知道她却满不在乎，还大大咧咧地骂回来："你骂我，我吃亏，你妈是个大乌龟。"这是她平时骂男友的口头禅，居然在这个时候搬出来了，让男友觉得不可思议。

男友的老妈也扛不住了，长叹一声：不是早晚要死，我看现在就立马气死了，转身把自己关进了房间。张媚这才意识到自己说错话了，但是却无法改变她在未来"公婆"心目中的不良印象。他们的婚事也遭到了男友父母的反对。

张媚本没有坏心，但是男友的父母却不会因为这点而谅解她，只会因为她口无遮拦而讨厌她。不经过大脑思考就胡乱说话，这样极容易造成不必要的误会。所以，急性子者在说话之前要考虑一下场合、人员、对象、气氛，尽量在开口前思量一番，切勿只顾自己说得爽而伤他人的心。

美国艺术家安迪·沃霍尔曾经告诉他的朋友："我自从学会

闭上嘴巴后，获得了更多的威望和影响力。”这告诉我们，要说好话，首先要学会“少说话”。诚然，“不多说”固然是一种智慧，但人们既然生活在现实社会中，那就只能“少说”而不能完全不说。如此，既要说话，又要说得少，且说得好。要知道，话语是即时性的，即所谓“覆水难收”。如果不经考虑就将话说出口，伤了他人，即使事后万般解释，也难以完全挽回影响。所以急性子者在开口时，应避免因为一时冲动或大意而信口雌黄、出口伤人。

京剧大师梅兰芳的演艺事业火遍全国的时候，也遭到了其他人的恶评。曾经有一名小报记者竟然以故意挑衅梅先生的方式来提升自己的知名度，以便让自己的小报有更好的销量。然而，梅先生却不予理睬。这名小报记者更加急眼了，以至开始谩骂、羞辱梅先生。而梅先生还是一言不发，不予争辩。周边的人都看不下去，想去用更毒的方法回击，而梅先生还是耐下性子，说服大家，不要去管他。后来，那些负面的报道也就烟消云散、不了了之了。

若干日后，这名小报记者贫困潦倒，到处借钱借不着。一天，他想到了梅先生，于是就想去碰碰运气。他来到梅先生家门口，梅先生出来见他。他按事先的准备虔诚地检讨自己，梅先生打断了他，说别讲了，你有什么事吗？小报记者便向他倾诉了自己的穷困遭遇。梅先生二话没说，掏出200块钱，说请走吧。这位记者顿时感动得扑通跪倒在先生跟前。

事后，梅先生还是教导自己的家人，一定要注意“口德”，遇到什么事都要先考虑，不要动不动就出口伤人。只有学会嘴巴让人，才能一生平安。他自己以身作则，从未在背后说过别人的不是。华东师大翁思再先生深有感慨地说，梅兰芳一生，就是这样做的：施舍、助人、宽容、律己。所以，他不仅成为京剧艺术的泰斗，而且也是道德高尚、为人师表的楷模。

卡耐基说：“在任何时候都不要让你的舌头超越你的思想，愚蠢总是在舌头跑得比头脑还要快时产生的。”对于急性子者来说，一定要学会律己，不要因为仇恨而让自己的舌头超越你的思想。无论面对什么人，说什么话，一定要经一下大脑，否则只会招致更多的仇恨。

一般来讲，血气只有在“三思”后才不会一时冲动，才能降低那些“蠢话、危险话、不好听的话”出口的概率。卡耐基说：“一个口才高手，最需要做的就是先懂得控制自我的情绪。”

同时，急性子者在谈论他人时，更要谨言慎行，不可因个人片面的看法就在背后妄评妄论他人的过失。另外，人们在日常生活和工作中，往往容易在没有深入调查的情况下，就用固有的主观意识去猜测臆断，从而忽视了真相，误导了人们的视线。所以，在任何时候，在没有认真考虑和掌握确切证据的情况下，一定要闭紧自己的嘴巴，不说人是非，不议人长短，以免给自己招来不必要的祸端。

言不在多，点到为止

性子急的人，在与人交往时，为了突出强调自己的观点，或彰显自己的主动地位，话往往说得比较多。而卡耐基说："语言的魅力在于点到为止，话不在于多，而在于精，在于透。"这告诉我们，真正高质量的交流，说话时应"点到为止"，而非滔滔不绝。

在批评时，把"理"占"透"，给他人留面子，含糊其词，避重就轻，轻描淡写，对解决问题能起到"四两拨千斤"之效；说服时，把话说到要害处，晓之以理，动之以情，可以让人信服；激辩时，抓住要点，把理说"透"，胡搅蛮缠的应变让人心生反感……总之，我们无论在怎样的场合下，都要戒掉吹嘘或多言的习惯，"点到为止"，这样方能够避免给人留下故弄玄虚的坏印象。

《墨子闲话》中记载了这样一个故事：

有一次，子禽问他的老师墨子："多言有好处吗？"

墨子回答说："青蛙日夜都鸣叫，弄得口干舌燥，却不为人们所喜爱。而晨鸡黎明时啼叫，天下不都被叫醒了？多言有什么好处？话要说到点子上才好！"

事实正是如此：话多不如话少，话少不如话好。少而"精"的话，能更深刻地表达自我内心的情感，给人留下无限的遐思，让人回味无穷，从而起到有效的作用。

《红楼梦》中的贾元春省亲，见了久别而又热盼的弟弟贾宝玉，百感交集，自然应有一肚子话要说。然而，曹雪芹笔下的元春并未发表长篇大论的思念之词，而是拉起弟弟的手，只说了一句“又长高了……”继之泪如雨下。

在这里，元春的话实在说得太少了，但是，却使我们更加强烈地感受到她内心的痛苦，收到了“以少胜多”的效果。如果让元春滔滔不绝地说这说那，即使言辞中加上善于表示痛苦的成分，但是人们的心灵也不会如这“又长高了”四字触动得那么剧烈。这是因为能够反复陈述痛苦者，其痛苦尚属能抑制的状态，而陈述痛苦都无法坚持者，其痛苦程度一定远胜于前者。

由此可见，说话不在于多，而在于“精”，在于“点到为止”，这样才更能够表达内心的情感和状态。真正会说话之人，就是要把话说得“高效”，应该言简意赅，让说话对象明白你所表达的意思。

言有尽而意无穷，有情尽在不言中。弦外之声，话外之音，正是话不在多，点到为止的艺术，不失为一种大智慧。既指出了对方的错误，又保全了其颜面，甚至可以打动人心。听听这位父亲是如何教育女儿的：

爸爸下乡时有一个战友，家境贫困。那个年代的“傻大兵”，每个月能得到部队给的一些微薄的津贴补助，这个战友每次都把这点钱攒下来，寄给乡下贫寒的父母。

后来，这个战友娶妻成家。妻子除了端庄漂亮之外，还是部队一位首长的千金。自然，这桩喜事格外引人关注。虽然他们婚后的日子是幸福甜蜜的，可人们总觉得大家闺秀和穷小子在一起，难免会有很多娇生惯养的小姐脾气。

婚后，这个战友还是坚持把每个月的这点津贴攒下来，寄回家里。但他却迟迟不愿告诉妻子，担心妻子不能理解他的孝心，而又生发出多余的联想。于是，他总是瞒着妻子偷偷把钱寄回家里。他心里清楚，这点钱对于乡下的父母来说是一个天文数字，而对于他们这个家庭，可能就是一个感情破裂的导火索。

后来，乡下的二弟写信向他借钱结婚。他二话没说，拿出了几百块钱，像往常一样夹在信封里，附了一封信，准备寄回去。可是，刚好那天他把信封揣在裤子的口袋里，事后一打岔，就忘记了。

第二天，妻子帮他洗裤子，没整理口袋就把裤子泡进了肥皂水里。等搓洗完、准备拿出来晾的时候，突然发现口袋里还有个信封。妻子赶紧把信纸拿出来晾，一看，居然还有几百块钱。

妻子读了信后便明白了。等晚上丈夫回家后，她先道了个歉，说："真对不起，今天洗裤子时忘了翻口袋，你瞧，这信也湿了。我看它还挺厚，怕干不透，就把你的信拆开了。"但是对于寄钱的事情却绝口不提。

丈夫心里好一阵翻腾，反复想想，还是向妻子说明了自己给家里寄钱的事。

本以为妻子会小心眼地和他吵吵闹闹，可没想到，妻子听了以后只是轻描淡写地说了句："你这样把钱夹在信封里不安全，容易丢。下次我们还是汇款给爸妈吧。你要是觉得不方便，可以把钱交给我，我帮你汇。"

后来，两个人就像电视剧里演的一样，过得更幸福了。

只说三分话，对于一般人来说是生活中需要锻炼的一种素养，而对于某些特殊职业，则涉及职业道德，甚或工作安全了。比如一名医生，对于特殊病人的状况、病历等，是只字不能向外人提及的，这是医生的职业道德；或者从事保密工作的人，说的这三分话，可能是风花雪月，也许是柴米油盐，抑或是天文地理，又或许是稗官野史。总而言之，应该是一些无关紧要的内容。

另外，对于教育工作者，语言所留下的空间，则是让学生有了更多自省自察的机会。

陶行知在育才学校任校长时，一次考试，一位女学生在写作文时忘写了一个标点，被老师扣了分。试卷发下来后，她偷偷添上了这个标点后去找老师要分。

陶行知先生虽然看出了问题，但还是满足了孩子补分的愿望。不过，他在那个标点上重重地画了一个红圈。

女学生领会了老师的意图，惭愧不已。多年过去了，女孩已经成人成才。她找到陶行知先生说："那件事以后，我才决心用功学习，决心做个诚实的人。"

陶行知先生这种无声的"点到为止"，绝不是毫无原则，更不是"麻木不仁"；相反，正是教育技巧和爱心的完美结合。实际上，这是一种暗示：我知道事实是怎样的；更是一种警示：仅此一回，下不为例。如此，不但没有妨碍纠错，反而促进了孩子对做人更深刻的理解。

由此可见，语言的力量，或者锦上添花，或者自毁前程。话音刚出即缥缈，后面的余味留给听者自品。这样，不仅可以泄掉因为溢满之词而惹来的局促，还能锻炼听者的“辨音”能力，加强自省自检的意识。如此点到为止的好处，何乐而不为呢？

随意打断别人的话，会瞬间毁了你的“教养”

在生活中，很多急性子者有时候为了表达自我或发泄情绪，总爱滔滔不绝，他们口若悬河，甚至在别人讲话时，也会去打断别人，表达自己的意见。这其实是一种极不礼貌的行为。从心理学的角度分析，交谈中总爱打断别人说话的人，都有极强的表现欲。在社交场合，这样的人内心会始终处于高度的应激状态，通常都比较“自我”，极难受到集体和他人的欢迎，甚至会被人视为“自私”。

林克莱特是美国一位有名的主持人，某一天他在主持一档节目时采访了一个小男孩，问道：“你的梦想是什么？”小孩激动地说：“我想当一名飞机驾驶员！”

林克莱特有意地逗他，便追问道：“假如飞机在太平洋上空飞行到一半而燃油耗尽时，你该怎么办？”“我会告诉我的乘客系好安全带，然后我挂好降落伞跳出去……”还没等他说完，观众便和林克莱特都笑了起来，这真是一个聪明却又自私的小孩。却没想到小孩后来又委屈地补充道：“我跳下去拿燃料，然后再马上回到飞机上。”

此时，众人都沉默了。

在社交场合，急性子者总是难以抑制内心的焦急，就是在交谈上，他们也容不下别人言语的缓慢之势，为了表达自己的想法，总会做出令人可笑或尴尬的事情来。

另外，急性子者之所以爱打断别人的话，是因为其自以为很懂得别人的心思，总想急于表达自己的猜测。但要知道，你若猜对了，无可厚非，若猜错了，兴许会尴尬到面红耳赤。所以，急性子者要懂得控制自己的情绪，不要轻易去打断别人，否则一方面会有失礼貌，另一方面也会置自己于尴尬的境地。

有一位不惑之年的民间科学家参加了一档科教节目，并且十分大胆地向观众提出了自己关于未来的设想，固然未来的一切幻想是不切实际的，于是当他说到一半时，便不断受到现场嘉宾评委的嘲讽与打断，场面十分尴尬。

事后，嘉宾评委的行为引来了众多网友的反感，无论是公众人物与否，等别人把话说完，是对人最起码的尊重，否则，在急急忙忙地给予他人否定的同时，也是在否定自身的形象，毁掉自己的教养。

有一句话是说，越是当你打断别人滔滔不绝的时候，你的愚蠢越会暴露无遗。越是当你洗耳恭听的时候，你的智慧越会快乐生长。可见静下心来仔细聆听，是取人之长、补己之短的良方，也是抛弃错误、远离懊悔的法宝。沉默能省去诸多烦恼，倾听是你最大的智慧。为此，懂得尊重，学会沉默倾听，你会发现自己处处都招人喜欢。

一名顾客来到一家汽车专卖店，对营业员的介绍百般挑剔。

其他营业员都认为他是在故意找碴，对其行为置之不理，而只有一位营业员静静听完他的抱怨之后，微笑着说道：“你对我们这里的汽车都不满意，这是我们的不足。请你给我们一些时间，让我们改进。总有一天，我们会推出让你满意的汽车，到时候再推荐给你。”

这样的态度使顾客很是吃惊：“其实你们这里的车没有我说的那么糟糕，我对其中一辆还是比较满意的。”随即，那位顾客买下了那辆汽车。

当别人在诉说时，静下来仔细聆听是一种尊重他人的行为，它比任何语言都有力量。可以试想一下：在你言我语的交谈中，谁才是最为优雅的那一位？是抿着嘴仔细聆听的那一位，还是心急火燎地不断打断对方说话的那一位？前者更有气场，其行为素养更具有征服力。所以，无论心再急的时候，也要学着让自己沉下心来，仔细地聆听。为此，可以从以下几点努力：

（1）保持眼神接触。要让说话的人感觉到：你的注意力完全在他的身上。可以试想，一个没精打采的人，要么冷淡，要么孤僻，要么粗鲁，根本不关心你在说什么。相比之下，电视里的采访者就完全不同，他的整个状态展示了高度的投入与关注。所以，在倾听的时候，一定要全身心投入，就像运动员要进入竞赛状态一样。

同时，在倾听的时候，也要给讲话人一些语言上的暗示，鼓励他多说一些，例如：“明白了。”“多给我讲一些。”“然后怎么样了？”“请继续！”注意，每一个暗示都很简短，只需要两三个词，但是这些话足以使讲话人深受鼓舞。

（2）表示同感。如果有人告诉你，他失去了一个期待已久的晋升机会，你就应该回答道：“真是遗憾，我想你肯定是失望极了。”

（3）分享谈话“核心”的角色。

在谈话的过程中，应不时“让出”核心的角色。因此，不要总是试图“统治”与他人的谈话，而应该尽量让其他人都参与进来。例如，你可以说：“莎伦，我们很想听听你在这个问题上的看法，可以给大家介绍一下吗?”

（4）把每一次倾听当作学习的机会。敏锐的倾听者总是会留意那些不被人看好的观点。因此，即便是谈论的话题一开始显得很是无趣，也要紧跟说话人的思路，而在你学习的同时，你也会获得谈话人的好感与尊重。

总之，倾听需要做到耳到、眼到、心到，当你通过巧妙的应答把别人引向你所需要的方向或者层次时，你就可以轻松地掌握谈话者的主动权了。

即便“得理”，也要“饶人”

很多急性子者爱与人发生冲突，最主要的还是因为心胸比较狭窄。遇到纠纷，爱去“争理”。假若争不到理，便会满肚子的委屈，抱怨甚至憎恨也就来了；假若得了理，便不会饶人。不管是谁，急性子者只要抓住了对方的短，就要暴风骤雨来一次彻底的清算！其目的就是要让对方长记性，总要给对方一点颜色看看，要让对方知道自己是不好惹的，更让对方明白自己的厉害。有时候，他们甚至会将人逼到绝路上，给自己以后的道路埋下“隐患”。

刘琴是一家广告公司的策划，工作能力很强，但人缘却不怎么好，主要在于她对人对事都太过较真儿，只要得理便不饶人。

有一次，同事不小心把她一个重要的文件弄丢了，她顿时火冒三丈，怒气冲冲地去质问同事：凭什么要动她的文件。同事也意识到了自己随便拿人东西是不礼貌的行为，于是连忙放下饭盒向刘琴道歉。刘琴哪肯接受，依然火气冲天地说：“一开始拿文件的时候为何不向我打招呼?”同事惭愧地说：“当时我用得急，你又不在，所以……”“那我来办公室后，你为什么又不说话?”刘琴气呼呼地说着。同事说：“我知道这份文件对你很重要，要不，我去找领导说吧，所有的责任由我来负。”“你负？你负责得起吗?”刘琴仍旧不依不饶。

同事一句话也说不出来。一旁的另一位同事刘威出面主持公道：“刘琴，都一个办公室里的，现在重要的是想办法怎么补救，而不是在这里争吵下去啊!”这时，旁观的同事也附和着。刘琴还是觉得心理不平衡，于是又要拉那位冒犯她的同事去找领导。

最后事情还是闹到了领导那里，领导经过了解情况后，虽然主动化解了矛盾，但对刘琴的为人处世能力产生了怀疑。从此之后，刘琴的人缘大不如之前。同事们都一致认为：“像她这样心胸狭隘、蛮不讲理的人根本不值得与她交往!”甚至就连她之前的好朋友，也慢慢地跟她疏远了。

得理不饶人，遇事太过较真儿，只会让你的境况愈来愈糟。人不讲理，是一个缺点；人硬讲理，是一个盲点。心怀大度，有时还要给对方一个适合的台阶下！为此，急性子者要记住：理直气“和”远远要比理直气“壮”更能说服和改变他人。

《红楼梦》中的晴雯是个十足的急性子，她泼辣爽直，霸道任性，嘴刁心软，得理不饶人，最终落得悲惨的下场。

总之，留一点余地给得罪你的人，给对方一个台阶下，少讲两句，得理饶人。否则，不但消灭不了眼前的这个“敌人”，还会让身边更多的朋友疏远你。俗话说，得饶人处且饶人。放对方一条生路，给对方一个台阶下，为对方留点面子和立足之地。

不惹是非，不随意传播“流言”

急性子者在关键的时候总难以管住自己的嘴巴，听到一则小道消息，因为心里藏不住事，很快便会搞得人尽皆知。从心理学的角度分析，嘴快心急者爱传播小道消息，背后爱议论人是非是一种心理的需求。多数时候，这只是一种内心情绪的转移，是为了排解内心的空虚。有些爱议论人的大喇叭，只是因为嘴闲，随口说说而已；而有些人只是想发发牢骚，有些人则是在捕风捉影、以讹传讹，有的人却是由于忌妒。

又有调查显示，朋友、亲人等熟悉的人往往是自己议论得最多的人，而且多是负面的评价，但这并不代表自己讨厌他们，只是因为彼此之间很熟悉，潜意识中觉得危害比较小。但是，在背后传人闲话，论人是非并不是一个好的解压方法，它不容易将其内心的消极体验及时宣泄或排解，而只会在不自觉间加深对对方的憎恨、成见，最终造成双方关系不持久，不牢固，甚至还会给自己招致不必要的麻烦，让自己的人生受阻。

在办公室里，张欣是个标准的急性子，嘴巴总是闲不住的她，没事的时候总爱在背后论人是非。

“我看到销售部张艳和小陈在一起工作那么长时间了，配合得那么默契，而且两人经常出差，还经常看到他们一起外出吃饭，他们俩会不会在谈恋爱啊！”

“对了，我前天还看到他们一起在咖啡厅里搂搂抱抱，可亲热呢！”

“哎呀，真是不得了！”

但实际上呢，张艳和小陈只不过是正常的同事关系，工作配合得默契一些。前天在咖啡厅的那个姑娘只是小陈的表妹，根本不是张艳。

午休时分，张欣还经常向同事谈论老板的私事……于是，张欣便很快成为众人的焦点，没过多久，她便被解雇了。

散播流言就好似向人群散泼毒药，一旦传播开来，不仅伤人，还会伤己。被波及的人会引起一些不必要的纷争，同时也会将你传八卦的本性暴露无遗。法国著名作家莫泊桑说过这样一句话：世界上最可怕的不是杀人的利刃，而是杀人不见血的流言。有时候，它甚至比“流感”还可怕，一旦发作起来便会不可收拾。为此，他写了一个流言杀人的故事《绳子的故事》：

奥什科纳老爹在戈代维尔这一小镇的集市上赶集。他看见地上有一根绳子，出于节俭，便想捡回家用，刚巧被他的仇人马具皮件商玛郎丹瞧见了。正好有个商人在集市上丢了一只皮包，玛郎丹便放出谣言说是奥什科纳老爹捡到的。人们都在指责奥什科纳捡到皮包不归还主人，而他自己却有口难辩。即使后来真相大白，还有谣言说奥什科纳和捡到皮包的人是一伙的。他极力向每个人辩解，结果没有人相信他。他为此事闹得精神崩溃，最终只能含恨而终。

可见流言蜚语是多么可怕的“伤人利器”。为此，急性子者一定要管好自己的嘴巴，即便再闲也不要在人后说人是非，更别在“有所耳闻”后立即去传播。有人可能会说，我只是说给我信任的人听罢了，对方不会随意乱传的。要知道，这个世界上没有不透风的墙，流言蜚语就像柳絮一样，遇到风便会四处飘散，而且风越大，吹得就越散，波及的面便也越广。

刘珊在一家知名的广告公司做策划，头脑灵活和工作经验丰富的她，在刚刚进入公司不久就经常受到领导的夸赞。

一个月前，领导决定给一批在工作中取得突出业绩的员工进行奖励，虽然每个部门只能有一个名额，但刘珊相信自己一定是其中的一员。考核过后，刘珊很意外地发现她未被纳入受奖励的人员之中。而她的部门中的另一个业绩不如她的同事却赫然在列。

刘珊深受打击，无论如何都想不通，于是在一次酒后，她便与一位平时和她关系不错的同事聊到了此事，还愤愤不平地向同事抱怨：“领导根本看不到我们的努力和热情，在他的眼里，没有能力这一说，只有那些听话的员工，什么好事都记着他们。”最终，在气愤之余，刘珊还说出了不想再待下去的气话。

这话说出去没过多久，刘珊便发现领导对她不像以前那么信任了。在刘珊劳动合同快到期时，领导便以她的绩效成绩不合格为由，结束了与她的劳动合同。

爱传流言、爱搬弄是非的人是惹人嫌的，在他们身上看不到一点高尚的情操。他们喜欢捕风捉影，喜欢夸张事实，往往造成不可原谅的后果，这个时候多么优秀的人也会显得十分可恶。所以真正有修养、沉得住气的智者绝不能成为其中的一员。很多时候，舌头是生活中招致祸端的根源，以话传话，论人是非，除了能够排遣内心的郁闷和空虚外，别无他处，还会遭人忌恨和厌恶。

固执让你遭殃，柔和使你顺畅

古代大哲学家老子，有一次把弟子叫到床边，张开口用手指口里面，然后问弟子们看到了什么？在场的弟子没有一个能够回答得上来。老子说：“满齿不存，舌头犹在。”意思是说，牙齿虽硬，但是它的寿命却不长；舌头虽软，但是生命力却极强。

这个故事告诉我们：坚硬的牙齿代表着刚强，有时候一不小心会咬着柔弱的舌头，舌头破了还会长好，而牙齿破了，则无法自己修复了。舌头虽然柔弱，但是它的寿命要比牙齿长得多。正所谓“刚则易折，柔可保身”，一时的厉害未必是真正的强大，有时候，太过固执，感情用事，冲动一时，只会让你遭殃，这并不是真正的强者。而如果你懂得示弱，能以弯曲的姿态主动去适应环境，才是真正的强者。

论秉性，急性子的人像牙齿一样刚硬，即使他们的内心也有柔软和细腻的一面，外表呈现出的也是刚硬的状态。他们像牙齿一样刚强尖刻，有时甚至不惜以卵击石，碰得头破血流依然不悔。急性子的人不懂得克制和忍耐，也不愿意含蓄地生活，以致处处受冷遇，历经坎坷，失去了施展才华的天地，甚至不能在社会上立足。

蒋彤和董凌是同一家公司的员工，两人在同一个主管手下做事，这位主管号称咆哮女王，经常在办公室里上演河东狮吼的戏码，几乎每天都要吼上一阵子。为此手下的员工可谓是吃尽了苦头。有的整天提心吊胆，主管一张嘴就紧张得两腿发麻，有的索性辞职走人，大多数人还是想留在这家颇有发展前景的公司，他们在私下里说：“我就不信咆哮女王会永远守在这个位置上，她早晚是要走的，我们不能先离开，等她走了，我们就有好日子过了。”蒋彤和董凌却不像其他员工那样乐观，毕竟公司没有更合适的人代替这位咆哮主管，否则老板早就把她替换了，因为她的脾气连老板都忍不了。下属注定要和她进行一场持久战。

主管是天生的烈性子，脾气又硬，责骂员工从来就不留情面，董凌的脾气也是又直又硬，两个人难免经常出现冲撞，面对主管的发飙，董凌毫不示弱，成了整个部门唯一敢和她对抗的人。主管不止一次地说：“我发火从来不针对任何人，只是为了工作，也许你们觉得我对你们的要求太过苛刻，可是如果我不严格要求你们，你们能把工作做好吗?”董凌却不以为然：“别总拿工作说事，你就是一个情绪化的人，有着超高的标准和超低的耐心，你发火是因为你没有自控能力。”听完这席话，主管的脸色变得很难看，她提高嗓门对董凌说：“董凌，我对你已经足够有耐心了，你多次出言顶撞我，我都没有和你计较，今天，你必须为自己的言论付出代价。”董凌的奖金就因为一次激烈的争吵泡汤了。主管本来想炒她鱿鱼，因为一时招募不到合适的人，就暂时让董凌留在了自己的部门。

蒋彤的个性和董凌不同，她个性柔和，较为文静，办公室的同事给她起了个绰号，叫淑女。主管对待她和对待其他员工并没有什么不同，总是以恨铁不成钢的名义对她发火，每当主管指出她工作的瑕疵，大声问：“知道自己错在哪里了吗？下次不要再犯这么低级的错误。”她都会心平气和地回答道：“知道了，下次我一定注意。”而董凌则会以同样分贝的声音吼回去：“知道了！”

一年之后公司招募了新人，董凌被辞退了，蒋彤却被提拔为助理，薪水也有了较大的涨幅。

一时的柔和、恭顺，是为了保存实力；蓄势待发，韬光养晦，是为了以后更为勇猛地进攻，是为了使你的人生之路更为顺畅，这是一种至高至善的生存艺术。

人身上最坚固的部位是牙齿，可是最容易脱落的也是牙齿，以硬度而论，舌头是脆弱的，牙齿甚至能将其咬断，然而舌头柔软灵活，有着持久的生命力，这是牙齿无法比的，可见“柔弱”和“坚硬”之间也不是那么容易分辨得出的。个性刚硬的董凌失去了工作，而柔弱的蒋彤却获得了晋升，这说明有时柔性的力量远远强过刚硬。玻璃坚硬，一摔即碎，水至柔却无敌。与其通过硬碰硬的方式来打败别人，导致两败俱伤，还不如以柔克刚，于无声处感化他人。一味展示自己的强硬，必然招致更多的打压，而如果能将“百炼钢化绕指柔”，便能消解敌意，与他人和谐相处。

第四章 弱者易怒如虎，强者平静如水：安心静气地温养自己的性情

生活中，适当的情绪发泄可以缓解急性子者的心理压力，但如若处理不当则会变成一把自伤的利剑。因为它有可能让你完全忘却自己，丧失理智，在伤人三分的同时，自伤七分，从而铸成大错。

有很多急性子遇事极易冲动，一旦发起怒来往往就将理智完全抛在脑后了，只凭一时的想法和情绪去办事，结果造成难以挽回的局面，后悔也为时已晚。尤其是当你的“愤怒”被对手转化为攻击你的“暗器”时，那你可就真的欲哭无泪了。所以，学会控制自我情绪，抑制冲动，是急性子者改变和完善自我最需要做的“功课”。

听到“逆耳之言”，切勿失态

常言说：“忠言逆耳利于行。”对于急性子者来说，若在自己毫无防备的情况下听到逆耳之言，则多数人会表现得热血偾张，怒从中来，想马上用“狠”话将“逆言”顶回去，以为自己挽回点面子。

在很多时候，“逆耳”之言虽说并不都是“恶语”，但听起来总归是不会让人心情舒畅的。如果你马上表现出扭捏不满的态度，或者皱起眉头，剑拔弩张，就只能把事情的严重性扩大。其实，任何人或多或少都有自己的缺点，听到别人的批评时，只有保持一分谦虚，少一分聒噪，才能让人更加尊敬你。

刘均是重庆一家制造企业的厂长，他公司的员工都是年轻人，他们个性更张扬，喜欢以自我为中心，不愿服从管理，稍有不满就会抱怨，甚至叫嚣“此处不留爷，自有留爷处”，这让刘均伤透了脑筋。

一次，在上班时间，他发现生产部的赵小菊在玩手机，便上去批评了她一番。谁知赵小菊毫无悔改之意，还质问道：“宪法哪一条规定员工上班不能接电话？如果有，你应该先把自己的手机没收。”听到此话，刘均特别气愤，便大声说道：“现在是上班时间，你不服从管理，竟然还敢公然顶撞老板，赶紧给我辞职滚蛋！”个性十足的赵小菊毫不在乎，竟然当场写了一份辞职书，拜拜了……军人出身的刘均最无法容忍的就是无组织无纪律的行为，遇到这样的员工，顿时火冒三丈，对其他员工说：“凡是不服从管理的员工，统统辞退。我这里是企业，不是乐园。”此话一出口，便引得众员工议论纷纷，多数人都说，这不是明摆着在赶人嘛！我们还待在这里干吗！于是，很多员工都有了随时辞职走人的想法。

对此，公司人力资源部的经理提醒刘均说：“刘总，就算把这一批全解雇了，以后招的也差不多是新生代。光靠一气之下开除员工，不是办法呀！”刘均把眼一抬，嗓门冲得老高：“我就不信邪了，难道离了张屠户，就只能吃带毛猪了？”

可实践证明，刘均的失态行为让大多数员工心里不舒服，接下来的一个月有很多员工辞职走人。更令他气恼的是，有些被开除的员工临走还扔下狠话：“现在可以做工的地方到处都是，想剥削我们，做梦去吧！”

身为管理者，在听到员工的“逆耳之言”时，应该反省自己的行为，对事不对人，而不是感情用事，口不择言，最终给人留下坏印象。可以试想，如果你听到一丁点儿的“逆耳”之言便恼羞成怒，对谁都阴着脸，说狠话，其他的人谁还敢与你讲话呢？工作中出现问题，谁还去向你请示呢？久而久之，大家就自动对你产生畏惧感，做事畏手畏脚，有了问题，推卸责任，生怕惹你恼怒，那么，这样的团队怎么做出好的业绩来！

很多时候，一个人不成功，并不是他们缺乏机遇，更不是因为他们资历浅薄，也不是他们能力不行，而是他们没能掌握好自己的情绪，喜怒形于色。一个人连自己的情绪都管理不好，如何去成事呢？

高波是个急性子，稍遇一点不顺，他就会向人发怒。为此，他总是会被坏情绪包围。其实，他遇到的事情并不大，可它们却如细小繁密的灰尘一般，弥漫在生活中，让人感觉日子都是灰色的。

就拿最近发生的一件事情来说吧，高波为某客户做了一份广告策划案，之前，他曾为此花费了很多心血。他将方案拿给客户时，希望对方能提出修改意见。对方很重视，专门布置了讨论会。会上，客户让一位领导发言，不知为何，这位领导将高波的方案全盘否定，并说出高波所在的广告公司盛名在外，其实水平不过如此之类的话。领导定了调子，可想而知，接下来的讨论会便成了对高波本人的批判大会。

在一面倒的质疑声中，高波无地自容，恨不得找个地缝钻进去。之后，他突然愤怒地站起来，厉声说道："为这个方案，我做了很多的准备……我相信它有价值。当然它也有缺点，今天来就是为了听大家的意见，这样一味地攻击，我不觉得有利于问题的解决！"

这话让在场的客户心里都不爽，于是联名投诉了高波，高波为此也被迫辞职。

生活中，很多人都遇到过类似的情况，因为忍受不了他人的质疑、否定或批评，而做出"因小失大"的事情来。可见，学会忍受，不仅是一种修养和气度，更是一种生存技能。

在工作中，当你的话语受到无理的顶撞，当你的方案受到否定，并受到严厉的批判时，你该做何反应？当你的好意受到误解，你该如何解释？你会怒目相视，还是会浅浅一笑，“悉听尊便”呢？聪明的人肯定是后者，因为，这样既可以表现出你的大度，还能表现出你临危不惧的优雅，颇有大将之风范。

那么，对于急性子者来说，可以从以下几点出发：

（1）心境平和，以不变应万变。当逆耳之言向你袭来时，正是考验你做人态度和处世智慧的时候。当然，你若能做到安之若素就最好了。可事实上急性子者不容易做到这点，逆耳之言会在其内心激起强烈的反应，这种反应又会表现在面部表情上。

其实，急性子者大都爱面子，在受到质疑或否定的时候，总是想通过辩解来挽回面子。但是你要注意场合和时间。如果你能始终保持一种大方的风度，不与其计较，那么一定能受到众人的尊重，甚至连反驳你的人都可能会对你刮目相看。

（2）切勿剑拔弩张，别让唾沫淹没自己。急性子者在听到稍微不顺心的言辞时，便会冲动，有的甚至会有豁出去的感觉，不仅会与对方口舌相向，不雅观的字眼也会脱口而出。事实上，失言只会引起更加激烈的争论，使矛盾升级，这样极容易在伤害对方的同时，也造成自伤。

其实，在处理这种言论激烈的情况之前，我们应该用一种相互谅解和理解的方式进行沟通，应该沉下心来冷静思考，多想想对方是否有依据，是否真的是自己做得不对，然后再用得体的言语进行回答。

（3）礼数不可少，做个优雅的绅士。听到逆耳之言后，一旦你的态度发生转变，脸色变得难看，必然也会失去应有的礼数。平心而论，别人提出意见或看法，本身就是对你的一种尊重，你应该表示感谢才对。至于别人对你有某种误解，你可以通过努力去改变和消除，不要动不动就大动干戈，弄得双方都下不来台，然后让彼此在众人面前的形象大打折扣。只有优雅礼貌地对待对方的不同意见，才能显示你的气度，给人留下良好的印象。

不要为小事大动肝火

急性子者遇事很容易急躁，生活中，他们总会为了芝麻大的一点小事而怒气上扬。对此，急性子者如果能试着将自己每次发火的原因记下来，过段时间再去翻看的时候，就会觉得自己很幼稚且好笑。因为很多事情都只是一些微不足道的小事，完全不值得大动肝火。

一次，24 岁的刘味同家人一起开心地开车上街购物，不料在一个路口，一辆违反了交通规则的车疾驰过来，眼看就要与刘味的车来个“热吻”，幸好她反应快，及时侧过车身。虽然避免了一场大的交通事故，但刘味的车还是出了点小事故，车身有一处被撞坏了。

她让那位司机赔偿，而那位司机却不肯，于是两人便上了法庭。一道道的法律程序让刘味每天都眉头紧皱。同时，在向保险公司索赔时，无休止的流程也让刘味不胜其烦。当她把车弄到修车处维修时，那个修车工也成事不足，败事有余，把车子搞得更糟。

对这次事故，刘味没有一点责任，却在这些纠纷上白白花费掉1000多元。每当想起这些，她总是气愤不已。这次事故让她受够了，以后，她每坐进那辆车，就心有余悸。最后，刘味气急败坏地卖掉了汽车。直到一次公司组织身体检查时，才知道自己竟然患上了心脏病。

生活中，多数人都遇到过类似于刘味的事情，为了一点鸡毛蒜皮的小事而大动肝火，最终不仅失了财富或和气，还失了健康，实在是得不偿失。等事情过后，你再回过头来审视整个事件，就会觉得她的幼稚与可笑。

的确，为小事生气、发怒是缺乏智慧的行为。早在2000多年前，雅典的政治家伯利克里就曾经给人类留下忠言：“请注意啊，我们已经将太多的精力用在去与小事纠缠了！”安德烈·摩瑞斯在《本周》杂志中也有类似的提醒：“这些话，曾经帮助我经历了很多痛苦的事情。我们常常因一点小事，一些本该不屑一顾的小事，弄得心烦意乱……我们生活在这个世界上只有短短的几十年，而我们浪费了很多不可能再补回来的时间，去为那些一年半载之内就会忘掉的小事发愁。我们应该把我们的时间用于有意义的行动和感觉上，让我们的思想变得伟大，去体会那些真正的感情。因为生命太短促了，不该只顾及那些无聊的小事。”的确，生活是由一系列的小事组成的，但如果我们过多地拘泥、计较这些小事，那我们的人生也没什么意义和乐趣可言了，我们触目所及的必然都是烦恼、痛苦、矛盾与冲突。

一位作家，平时在家里写作的时候，经常被邻居家里小孩的吵闹声烦得要发疯，他每天都很不高兴，有时甚至想站在窗口对着邻居家的窗户破口大骂，但他最终忍住了。

有一天，他和几位朋友出去露营，在帐篷中小憩的他，时不时能听到外边小孩的嬉戏声，他觉得那声音简直美妙极了，这声音和邻居家小孩的声音不是一样的嘛，为何自己会喜欢这个声音而讨厌那个声音呢？回来后他告诫自己：在大自然中嬉戏的小孩的声音很好听，邻居家小孩的声音也差不多。我完全可以全身心地投入我的文字中，不去理会这些噪声。结果，头几天他还注意到邻居家里传来的声音，可不久他就完全将它们忘了。

很多小忧虑也是如此。因为我们无法接纳一些人和事，结果只能置自己于沮丧中。我们很多时候为小事大动肝火，是因为在当时我们放大了小事的重要性。其实，人活着有更重要的事情去做，你若在小事上斤斤计较，如何腾出时间去干大事呢？所以，当你因为小事而要发怒的时候，不妨先培养一下自己保持镇定的能力。最好是在气头上时，心中默念克制的词汇，这是心理学中的意念调节法。比如，你可以默念：“世界如此美好，我却如此暴躁，这样不好，不好！”

倘若你与人发生争吵时，那就试着让自己尽快远离当时的环境，迅速地让自己的心理恢复原状，找个没人的地方，大声地将心中的郁闷喊出来，这样心情就会舒畅一些了。

不在愤怒时做任何决定，也别带着情绪去处理问题

急性子者的诸多生活悲剧都是由其愤怒的情绪所带来的：因一句话与人不合，便说一些过激的话，因而毁了一桩生意；因小事生气而断送一段美满的婚姻；因一时之气而伤了和气，葬送了一段珍贵的友谊……的确，人在气头上，难免会被强烈的愤怒冲溃了理智，以至于忽视了最基本的判断与核实的步骤，造成伤害人的事实。其实这是人的通病。对此，心理学家指出，人在愤怒的时候，智商是最低的。尤其在愤怒的关头，人们会做出非常愚蠢的决定而自以为是，也会做出非常危险的举动而大义凛然。这个时候所做的决定，90%以上都是极端错误的。生活中，很多不理智的决策往往都是因为我们没有一个良好的情绪状态，所以要保证自己的人生不后悔、不遗憾，就请别在愤怒时做任何决定，也别带着情绪去处理问题。

叶静是一个急性子，脾气暴躁，生活中只要遇到一点不如意的事情便会与人争吵。因此，她的人际关系很是糟糕。最近她与男友之间也出现了一点小问题，本来再过两个月就要结婚了，但就在这个当口儿却出了岔子。

原来，因为叶静“遇事就着”的火暴脾气，令男友实在无法忍受了，于是想悔婚。然而，叶静觉得毕竟两人在一起这么久了，维系这段感情真的不容易，而且当初和男友已经征得双方父

母的同意订了婚，就只差最后领结婚证了。虽然自己的性子有点急，脾气有点坏，可每次争吵过后，都是自己主动认错的。所以，每次男友提分手的时候，叶静还是好言相待。

直到这一次，叶静本来就在单位中遇到了非常不顺心的事情，憋了一肚子气的她下班回家后又为了谁该整理房间这么点芝麻大的事情与男友吵了起来。叶静一时也急了，便脱口而出：“你不就是不想和我结婚吗，好，分手就分手，谁怕谁啊，离了你，我还活不成了呀！”

于是，本来双方家长都订好的日子与婚宴，就这样无疾而终，而叶静过后也觉得自己做得有点过分，话说重了，可已经于事无补了。

无论一个人年纪有多大，当他在气愤时，其思虑是不成熟的，言语是不节制的，行为也是失态的，仿佛就像一个年幼的孩子一般不成熟。《圣经》上说：“人有见识就不轻易发怒。”当一个人在生气的时候，他的智慧、EQ、仪态等，都会大大地退化，乃至所讲出的话，所做出的决定，往往都会坏事。可如今有许多急性子的年轻人都不明白，依旧遇事情绪化，意气用事，不管谁在哪一点上惹得自己心烦意躁，就会不分场合地让情绪肆意发泄，最终做出令自己后悔甚至遗憾终生的事情来。

生活中，困扰我们内心的往往不是什么大事，恰恰是一些鸡毛蒜皮、不起眼的小事。尤其是性子急的年轻人之间的争吵、恐吓，不仅是一种浪费精力的活动，而且还是一种非常不理智和幼稚的举动。很多时候我们只是一时处在气头上，千万不要因为这一时之气，给自己带来永远无法挽回的过错。

一个成功者，并不是因为他们在人生道路上有多么的一帆风顺，也不是因为他们的能力有多超群，而只是因为他们善于控制自己的情绪，能在愤怒时抚平自己的心情，恢复自己的理智，让自己的每一步都在理智的控制下走得稳健有力。相反，一个失败者，也不是真的像他们所认为的那样缺少机会，或者是资历浅薄，甚至迷信自己命不好。很多时候，失败的原因就是因为他们不懂得控制自己的情绪，使自己的坏情绪恣意妄为：遇事不顺时，怒火中烧；消沉时，借酒消愁，丧失斗志，让自己错失机会；得意时，忘乎所以，夜郎自大，四面树敌，为人生树立一道道的屏障。

总之，急性子者要明白，“愤怒”一旦与“愚蠢”携手并进，“后悔”便会接踵而来。人生关键时刻的成功与失败完全取决于两个字——“心情”。心情好，则事成；心情坏，则事败。在这里，需要牢记理性决定的护身符。

（1）凡事先熄火再决定。人在丧失理智的情况下，所做出的决策一般都是违背事物发展规律的。所以，凡事做决策时，要先平息怒火后再做决定，或者再开口与人交谈，提升决策的正确率。

（2）不急于求成。任何事物的发展都会遵循其原有的规律，如果你妄想揠苗助长、一夜开花，那就是为失败埋下地雷，总有一天地雷会爆炸。

（3）不在得意时忘形。人在气愤、生气时容易出错，同时，在得意时也会丧失理智。所以说，在高兴的时候也不要随意做决定，忘形的时候制胜的余地就会减少，失败的概率就会增加。

在3分钟内，将你的“火气”迅速灭掉

人有七情，“怒”为其一，它经常莫名地冒出来让我们在瞬间丧失“理智”，急性子者尤其容易被怒气所控制：与人交谈，一言不合，面色铁青，火马上辣辣地大起来，继而破口大骂，不顾别人的颜面；在生活中，朋友一句无心的话，却让他敏感的心觉得伤了自尊，心中怒火中烧；工作中，上司指出你的错误，性急者便会气不打一处来……这些情绪失控的情况，在很多急性子者的生活中轮番上演，它严重地损害了我们的形象，影响了他们的受欢迎度，同时也毁掉了他们的幸福，有时候甚至还会损害他们的健康。为此，要改变自己的性子，最重要的就是要学会“制怒”的方法。

关于如何控制“怒气”，英国思想家培根说：“怒气必须在程度和时间两个方面都受限制。”就是说，要改掉自己的急性子，一要懂得制怒于将起，控制在微怒吼、愠怒的程度，不让它发展为暴怒、狂怒；二要忘怒于瞬间，发怒的时间不超过3分钟。所以，当我们“怒从心中起”时，可以适当地喝一杯茶，听一听别人的解释，或许会柳暗花明。再不济，我们学会默念“1、2、3”，让情绪暂且回落。只有这样，你的火气才能在第一时间被灭掉。

林则徐年轻时性子急躁，遇事稍不称心就发怒。父亲唯恐他的坏脾气会坏了大事，于是总是劝他，但成效都不大。一年，林

则徐将赴外地上任，临行前，父亲给他讲了这么一个故事：

从前有一个县官，很孝敬父母，所以，对那些不孝的犯人判罪就特别重。一天，有两个人捆了一个嘴里塞着东西的年轻人来见官，说这个年轻人是个不孝之子，不但骂他娘，而且还打他娘。这位县官很气愤，就立即命人继续用东西把他的嘴巴堵住，还吩咐重打五十大板，将那位年轻人打得皮开肉绽。这时，有个老婆婆拄着拐杖进来，边哭边诉道："求求青天大老爷做主，刚才有两个强盗来抢我家的牛，我儿子一个人打不过两双手，被强盗绑了去，不知弄到哪儿去了，请求老爷赶快替我找我儿子，我就只有这么一个孝顺的儿子呀！"县官这才明白，原来打的就是这个孝子。最后，林父意味深长地说："真是一时性急判错了案，这是草菅人命啊！"

林则徐对父亲的一番教导很感动，于是当场便遵嘱写了"制怒"两字的横幅，随身带着，时时警惕自己心情急躁、容易发怒的坏毛病。时间一久，他还从中悟出了制怒的养生之道。他说："性子急躁，遇事不顺心，便易发怒；发怒多了，肝火就旺，肝火旺，既坏事，又伤身，我看老年人得中风，十有八九是肝火旺的缘故。"

不可否认，用"制怒"的横幅来警告自己是一种有效的抚平自我情绪的方法。其实，我们每个人都可以找到属于自己的"制怒"方法。一般来说，要想让自己在 3 分钟内"灭火"，可以尝试以下几种方法：

（1）要充分认识到发怒带来的不良后果。发怒可造成心血管机能的紊乱，出现心律不齐、高血压和冠心病等症状。严重时还会导致脑血栓或心肌梗死，以及高血压患者的猝死等，只要牢记这些，发怒时便可以用来警示自己，达到制怒的目的。

（2）有意躲开“触媒”，有意识地撤火。人在愤怒时，大脑皮层中往往出现强烈的兴奋点，并且它还会向四周蔓延。为此，要在“怒发”尚未“冲冠”之际，善于运用理智有意识地去转移兴奋的中心。比如，有意躲开一触即发的“触媒”，即争吵的对象、发怒的现场，到其他的地方干点别的事情。

（3）自我暗示、激励。就是给自己提出任务，自己做自己的司令官，坚信自己有能力控制个人的感情。爱发怒的人也不妨搞个座右铭。如：“脾气暴躁是人类卑劣的天性”“仁爱产生仁爱”“野蛮产生野蛮”“发怒是没文化教养的表现”“发怒是无能的软弱的表现”等，通过这样积极的自我暗示，便可以组织自身的心理活动获得战胜怒气的精神力量。

（4）宣泄法。摔打一些无关紧要的物品能够有效地宣泄或是对天空大喊缓解一下自己的冲动。最好是跑到楼下，再爬上楼，每步登两个台阶，跑步上楼更好。还可以与别人聊聊天。

（5）自我按摩。怒气会使颈部和肩部的肌肉紧张引起头痛，自我按摩头部或太阳穴 10 秒钟左右，有助于减少怒气，缓解肌肉紧张。

（6）用冷水洗脸。冷水会降低皮肤的温度，消除怒气。

（7）闭目深呼吸。把眼睛闭上几秒钟，再用力伸展身体，使心神慢慢安定下来。

（8）大声呼喊，必须是从腹部深处发出声音，或高声唱歌，或大声朗诵。

脾气上来时，请踩“急刹车”

生活中，急性子者都有可能遇到过类似的情境：最近总被一些莫名的烦恼所缠绕，于是，你遇事总想发火。不经意间突然发现工作中的同事总是开始有意地躲着你走，午餐时也没人招呼你一起出去了。原来大家告诉你这段时间你性子很急躁，动不动就为一点小事说别人的不是，所以，大家便开始疏远你了。不可置疑，急性子、坏脾气是人与人之间关系恶化的“黑手”，也是摧毁幸福生活的“杀手”。

“黄小仙儿，真不明白吗？我们两个人是一不小心才走到这一步的？你仔细想想，在一起这么多年，每次吵架，都是你把话说绝了，一个脏字都不带，杀伤力却大得让我想去撞墙一了百了，吵完之后，你舒服了，想没想过我的感受？每次都是我自己觍着脸跟狗一样自己找一个台阶下！你永远趾高气扬，站在原地一动不动……”

电影《失恋三十三天》的黄小仙是个乐观的女孩，但性子急，脾气也不太好，动不动就向男友发火，并且丝毫不考虑对方的感受，所以才亲手葬送了自己苦心经营 7 年的爱情。现代生活中，因为各种各样的压力和忙碌，每个人都难免会愤怒、生气，急性子者尤甚。对此，亚里士多德说：“那些在不应当愤怒时而愤怒的人，被视为无能；愤怒的方式，愤怒发作的时刻，以及愤怒的对象不适合时，也被视为无能的表现。”真正的智者，不是没脾气，而是懂得在脾气上来时，肯踩“急刹车”的人。

刘彤是一位情绪化非常严重的女士。她经常因为控制不了情绪而与朋友发生冲突，这让她失去了不少好朋友。为此，她也苦恼不已。生活中，因为一点鸡毛蒜皮的事，她会立即火冒三丈，与对方争吵起来。

有一次，在中午的闲暇时间，有两位员工一起聊天，其中有一人说道：“刘彤这个人不错，就是脾气不好，我上次就说了她工作中的一个小失误，她就和我争辩起来了。”“我也有同感……”这话正好被路过的刘彤听见了，她二话没说，上去就和人家一通争吵。

尽管事后她也会自责、后悔，但她的这一脾气让她在公司中感到很孤独。为了能够改变自己，她走进了心理咨询室。心理咨询室的老师是这样说的：“当下次你想发脾气的时候，你停下来想一想下面三个问题：第一，是什么事让你生气？第二，这件事情是否值得生气？第三，发脾气对事态的发展会有什么影响？当你想完这三个问题的时候，你的情绪就会稳定一些了，如果你再稍稍控制一下，你就能掌控自己的情绪了。”

刘彤就按照心理咨询师的建议去做了，每当脾气上来时，她就以上述三个问题让自己“刹车”，一段时间后，她脾气确实大有改善。因为她自己变得温和、友好起来，因为她做出了改变，所以她周围的朋友也渐渐地多了起来。

众所周知，怒气是一种很具破坏性的情绪，它给人带来的负面影响可能远远大于我们的想象。为了不让坏脾气影响到我们的人际交往，毁了我们的生活，我们要做的就是学会控制它，就像刘彤一样，在脾气上来时，学会运用适当的方法“急刹车”。当然了，要控制住突如其来的坏脾气，除了采用“问题法”外，还可以尝试运用下面的方法：

（1）“重新判断”帮助放宽心境。心理学上提出了一种名为“重新判断”的方法，认为它能平息人心中的怒火。“重新判断”的方法即自觉地从一种比较积极的角度去看待他人对你的“冒犯”。例如当你遇到有人超车时，你可以对自己说：“这个人大概有什么急事吧。”或者说：“也许我的车开得的确太慢了。”那么，你的情绪就能平静很多。

（2）事先制订标志物提醒自己。你可以在墙上或者其他醒目的地方，写上控制脾气的标语或标志，等坏脾气上来时，警示自己。比如，前文提到，林则徐在堂上挂上“制怒”的字匾，这样，在他怒气将发未发时，看到这两个字就能及时控制住自己。你可以将座右铭贴在显眼的地方或请旁人提醒，在怒火将燃时就用此来扑灭它。

（3）学会情绪转移。不要让自己的愤怒情绪肆意发泄，但是也不要试着去压抑它，你需要学会去化解它，而情绪转移无疑是一种很好的选择，其核心就是做一些自己喜欢做的事情，通过高兴的事来淡忘你的负面情绪，比如听音乐、做运动等。

控制住冲动的情绪后不能就这么完了，一定要在冷静下来之后重新思考，努力打开心结，为什么会有冲动的情绪，为什么自己不能从一开始就看开点，为什么不能很好地控制情绪，这样可以帮助人们从源头减少冲动的机会。

学会与你不喜欢的人相处

生活中，每个人都会遇到一些让自己不喜欢的人。这些人有可能是因为与你利益对立，有可能是因为你对他的不良印象，也有可能是对方身上某种不良的习性等。总之，见到这类人，观其言行，都会让我们心里产生不好的情绪，急性子者尤甚，他们外露、张扬的情绪，对自己不喜欢的人或事总是表现出更为强烈的排斥感。

但是，这是一种不理智的心理。假如这个人与你没有任何的利益纠葛，那就只是你的主观意识在作祟，导致你排斥、不愿意接触对方。如果对方也有类似的回应，那么一定会造成互相敌对的局面，相信这是任何人都不愿意看到的。所以，不要因对某人毫无理由的“好恶”而到处树敌，我们需要学着去与不同的人交朋友，甚至要尝试和敌人拥抱：这是一种气度，更是一种胸襟。

张辉是一家文化公司的策划总监，而且已经有从业 4 年多的资历。他刚从大学毕业就跟着现在的老板开始打拼，是看着公司一步步发展到现在的。

但最近公司忙着要改革，于是又招了一批文化界的精英。而其中一位文化圈有名的策划人成了公司的策划总监，也成了张辉的上司。虽然张辉早就想坐到这个位置上，可如今也只有叹气的份了。直到有一次，他与策划总监出去见一个写小说的作者，前期合作已经谈妥，这次主要是与这位作者签订合作协议。可到了那里之后，张辉才发现自己忘记带公司的合同文本了。策划总监看着张辉对工作不负责任的样子，便在回去的路上，狠狠地批评了他。而张辉也毫不示弱，依仗着自己的老资格，与策划总监大吵了一架，从此两人在工作中几乎不说什么话，张辉对上司的厌恶感已经深入骨髓。

后来在工作中，张辉也总发现对方时不时地会给自己找碴儿。他越看越别扭，甚至开始有意地躲避总监，每当在开会时看到总监，心里就会非常不爽。本来张辉想着自己干脆辞职算了，可当他得知外面的就业形势十分不好时，只好留了下来，但是工作没之前那么认真负责了。

这个世界上有千万种人，每个人都有自己的处事和行为方式，我们要想在社会上更好地立足，必须要接纳这些不同，学会与自己不喜欢的人相处，才能获得更好的发展机会。而生活中，有些急性子者可能会说："我是绝对无法忍受与讨厌的人相处，那会显得我很没骨气。与他们发生冲突，向他们道歉，也会显得很没面子。"其实，事实并非如此。很多时候，你的主动性，可以有效地在某种程度上降低对方对你的敌意，也可以避免恶化你与对方的敌意。

事实上，学会与你自己不喜欢的人相处，并不是一件难事。首先要做的就是消除你心中对他的敌意，将对方当成一个陌生人去对待。同时，要努力去按下面的方法尝试：

（1）要增加接触的机会，对对方好一些。也许你选择躲着这些人，但多接触也许会消除你对他的偏见或误解。

（2）对于急性子者来说，当你对某人有敌意时，千万不要向对方使性子，而是要主动与其交好。比如，如果对方喜欢唱歌，你可以主动邀请他一起去娱乐一下，如此便可以改善彼此间的关系。

（3）要主动活跃气氛，大家在一起的时候，可以多讲讲笑话，大家一起乐一乐，让所有的误会和偏见随着笑声逝去。

（4）保持适当的距离，与不喜欢的人相处时，尽量不要表现出厌恶感，适当的距离可以避免你与他人树敌。

（5）在关系僵化的时候，一定要主动示好，不要碍于面子、难为情。

（6）包容和忍让是最重要的。对于急性子者来说，包容和忍让他人显得有点难，但是还是要主动去做。哪怕你善待对方，对方还是对你不好，这时你要拿出你的气度来，继续保持与对方友好的态度。俗话说“人非草木，孰能无情”，只要你心存善念不断地付出，对方一定会转变对你的态度。

憎恨只会让你变得更狂躁

急性子者在受到各种不公平的待遇时，很容易滋生憎恨的情绪，脾气也会变得狂躁不安：同事不小心冒犯了你，你心生恨意，于是处处想报复对方；老公对你不够体贴，甚至对你说粗话，你便对其产生不满，处处看他不顺眼；孩子考试没取得好成绩，你失望透顶，于是总是苛求于他；领导的批评使你愤怒，于是处处想与其作对……这些恨意只是过分偏执，有时也是在拿别人的错误来惩罚自己，除了让自己狂躁不安外，能真正改变别人的行为吗？

一个人去问智者："这个世界上，最让人受伤的是什么呢？"

智者含笑回答，问："你觉得呢？"

"是孤单吗？"

智者摇了摇头，说："不是。"

"那一定是嫌隙、怨恨了！"此人继续回答说。

"也不是！"智者摇头。接下来，此人回答了十几个答案，但智者每次都摇头。

"那是什么呢？"

"是憎恨。其实，你刚才说的孤独、嫌隙、绝望等，都是憎恨的影子，当你憎恨别人时，你就会产生那些感觉。你对自己说'我憎恨他们，我要报复'的时候，你就会变得越来越狂躁，所受的伤害也会越来越严重。同样，假如你告诉自己没什么好憎恨的，只要我宽容面对一切，就能战胜所有的困难，那么你的内心就会变得宁静，就没有什么能伤害到你了！"智者说道。

的确，憎恨是一种消极的情绪，它会让你变得更加狂躁，最终受折磨的还是自己。要知道当一个人憎恨另一个人的时候，他的心是急躁的、是阴暗的。很多急性子者在面对他人的冒犯时，总是想着用仇恨去惩罚对方，而结果却恰恰伤害了自己。

陈丽和高枫可谓是青梅竹马，在年轻时都曾信誓旦旦地向彼此承诺：这辈子非她不娶，这辈子非他不嫁。

后来，到谈婚论嫁时，因为家庭的种种阻挠让他们的爱情变成了一种相互的折磨。在无奈之下，高枫就和另外一个女人结婚了。陈丽听到这个消息，感觉自己的心都要碎了，万念俱灰。她想以死来了却此生。然而，正当她准备吞安眠药的时候，心中顿时升腾出恨意来：就这样死去太便宜他了，要活下去，一生不嫁，并报复他，折磨他，让他愧疚一生，不安一生，痛苦一生。

这期间，陈丽几乎每天都要到高枫家的门前，她并不做什么，只是不停地去打扰高枫的妻子以及他的孩子。当高枫主动和她搭话，一次次尝试向她道歉的时候，她却置之不理。她能感受到他内心所遭受的良心的谴责，但看看自己孤灯清影的寂寞，她就觉得这一切都是他造成的，他必须要付出代价，她坚持自己的报复。

就这样，陈丽每天都在痛苦中度过，终于在她54岁那年抑郁而终。悲哀的是，直到生命的最后一刻，她也没有感受到报复带给她的任何快感，反而感觉自己的生命太过苍白。她不断地回味、咀嚼着自己的过往人生，她发现自己从来没有一天快乐过。在她决定报复后的整整几十年中，她的冰冷，让所有的朋友都远离了她，她从来没有真正对周围的人笑过。看着自己满脸的皱纹，满头的银发，她开始后悔，后悔自己将一生都绑在了对他的仇恨上，后悔没有体验到做妻子、做母亲的美好……

仇恨只能让我们的心灵永远生活在黑暗之中；而宽恕，却能让我们的心灵获得自由，获得解脱。对别人心存仇恨，最终最受折磨的还是自己，而陈丽如果能宽恕高枫，那么，也不至于让自己的一生都落得如此悲惨的下场。

其实，每个人的生活都逃不开这样的规则：所有敌对的开始就是一切悲剧的开始，无论任何时候，你在必须面对的时候，你选择的态度其实就已经决定了整个事件的走向和结局。包容和接纳就会是祥和与喜悦，挑剔和敌对就一定是争吵和悲剧。既然你已经知道了结果是什么，那为什么不选择一个好的开始呢？

一位智者曾经这样说过："你必须宽恕两次。一次是你必须原谅你自己，因为你不可能完美无缺；另一次你必须原谅你的敌人，因为你的愤怒之火只会让你变得更加愚蠢。"一个人的胸怀能容得下多少人，你就能够赢得多少人。所以，生活中在与他人相处时，要学会宽以待人，即对他人不过分、不强求，以宽为怀，能让人时且让人，能容人时且容人。

莎士比亚忠告人们说："不要因为你的敌人而燃起一把怒火，结果却烧伤了你自己。"这其实在告诫我们，做人要学会容纳，学会宽恕别人。与人方便，也是与己方便。生活中，多为别人着想，能够时时将心比心，那你的人生便和谐了，个性也便和缓了。

修炼你的耐性，人生就多一些机会

缺乏耐心是急性子者的特点，为此，他们经常在生活中上演此类的场景：购物排长队，等一会儿就开始不耐烦，抱怨连天；在马路上遇到塞车，看着前面长龙队伍，不由得心中一阵狂躁，不停地按车喇叭，弄得其他的行人也开始狂躁不安；等一起约会的朋友，一段时间不见人影，便开始打电话催促，甚至在对方晚到后，还脸色铁青、埋怨连连；接到工作任务后，恨不得通宵达旦把它完成；新到一家单位，恨不得马上能接触核心人物，使尽浑身解数也要让领导器重自己……对于急性子者来说，做任何事都缺乏耐力和耐心，这样经常置自己于狂躁与烦闷之中。耐性不足的人内心缺乏定力，易狂躁、沉不住气，人的很多坏情绪都是从此处滋生的。所以，对于急性子者来说，从根本上改变自己，首先要学会的就是修炼自己的耐性。

很多时候，我们人生的各种悲剧都是从缺乏耐性开始的：

从前有位年轻的农夫，他要与情人约会。但是他太过性急，嫌情人来得太慢，又没有耐心等待。于是，便躺在大树下面长吁短叹。

忽然，他面前出现了一个小矮人，对他说道："我知道你为什么闷闷不乐。"小矮人说："拿着这枚纽扣，把它缝在衣服上。你要遇着不得不等待的时候，只要将这枚纽扣向右一转，你就能够跳过时间，要多远有多远。"这让农夫高兴极了。

他握着纽扣，试着一转：啊，情人已出现在眼前，还朝他笑送秋波呢！真棒啊，他心里想着，要是现在举行婚礼，那就更棒了。他又转了一下：隆重的婚礼，丰盛的酒席，他和情人肩并肩，周围管乐齐鸣，悠扬动人。他抬起头，盯着妻子的双眸，又想，现在只有我俩该多好！他悄悄转了一下纽扣：立刻夜阑人静……他心中的愿望层出不穷：我们应有座房子。他转动着纽扣：房子一下子飞到他眼前，宽敞明亮，迎接主人。我们还缺几个孩子，他又迫不及待，使劲转了一下纽扣：日月如梭，顿时已儿女成群。他站在窗前，眺望葡萄园，真遗憾，它尚未果实累累。偷转纽扣，飞越时间。生命就这样从他身边疾驰而过。还没有来得及享受过程，思索后果，他已老态龙钟，衰卧病榻。至此，他再也没有要为之而转动纽扣的事了。

回首往日，他不胜追悔自己的性急失算：我不愿等待，一味追求满足。眼下，因为生命已风烛残年，他才醒悟：即使是过得那么着急，当下得到了满足，那生活亦有什么意义呢？其一生无非是转眼间的结婚、生子、病死。他多么想将时间往回转一点，让他好好地品味下等待恋人的心情，享受与恋人从恋爱到结婚、生子、缓慢变老的过程。他握着纽扣，浑身颤抖，试着向左一转，扣子猛地一动，他从梦中醒来，睁开眼，见自己还在那生机勃勃的树下等着可爱的情人。然而，现在他已学会了等待。他不再长吁短叹，而是静坐着沐浴明媚的阳光，平心静气地看着蔚蓝的天空，欣赏远处的春色和鲜艳的花朵，听着悦耳的鸟语，逗着草丛里的甲虫，他突然觉得等待的时光也可以变得如此的美好……

生命是由一连串重要的事与无关紧要的琐事组成的，等待的时光再无聊，再无意义，但它却是你生命中的一个过程，与其在等待时狂躁不安，不如学会随遇而安，好好享受其过程。哲人说，当你没耐性去等待某一东西时，衰老就找上了你。要使你的心态足够年轻，请先从提升自己的耐性开始吧。

其实，除了生活，我们的工作也是需要一些耐心的。柏拉图说：“耐心是一切聪明才智的基础。”对于急性子者来说，耐心一方面可以让你积蓄力量，另一方面经过努力和历尽艰辛实现的愿望，才能使你的心灵获得满足感。

小丽去应聘一位外贸公司的经理秘书，但因为只有自学毕业证，她只得到了一个行政部文员的职位。对此，小丽并没有灰心丧气，觉得只要自己耐心做好文员的工作，一样很好。每天，她的工作就是负责接待客人和复印、打印等琐事。

同事们总是把一些需要复印和打印的文件一股脑儿堆在小丽的桌子上，然后告诉她哪些需要复印、哪些需要打印、每种各需要多少份。小丽总是耐心地记录着各种要求，然后仔细地做。有好几次，因为小丽的认真负责让公司避免了巨大的损失。不久后，她就真的被提拔为经理秘书了。对此，小丽是这样说的："工作虽然简单，但是只要有超凡的耐心和细心，就会取得成功。"

耐性被认为是衡量一个人心理素质优劣、心理健康与否的标准之一，也是人生未来成功的关键因素之一。可以说，培养自己的耐性，不仅能让人生活幸福，而且对自己的工作和事业也有帮助，对今后的人生道路能产生极大的影响。所以，在现实生活中，请对周围的人、事与物少一点烦躁、多一点耐心吧，它能让你体味到生活的真滋味，也能让你的人生比别人多一些机遇。

遇事先忍一分钟，再动手去处理

一天，一位作家收到了一封批评自己著作的信件，写信的是一位中学生，把作家最近出的一本小说批得一无是处，最后甚至还对他的人格进行了侮辱和谩骂。

看到此信，这位作家顿时怒火中烧，内心的委屈自不言说。于是，就决定写一封兼批评和嘲笑的信对这位读者的批评给予反击。

因为心中太过气愤，他一口气写了 5 张信纸，对批评自己的人给予言辞激烈的回击。写好刚想把信寄出去，却发现天已经很黑了。在无奈之下，他只好把信放进抽屉中，打算第二天再寄。

第二天一大早，这位作家无意中看到了自己昨天写的信，脸突然涨得通红。他想，当时再怎么生气，来信者也只不过是一个叛逆的中学生而已，而自己却如此小气，以后还怎么面对万千读者的质疑和批评。于是，他便以一句“感谢您的忠告”给对方回了信，最终那位读者又给作家回信，对他大度的胸怀表示敬佩。从此之后，无论什么样的事情，作家总是会先忍耐一天，再做考虑。

生活中，急性子者很容易被一些小事激怒，成为情绪的奴隶。要改变这种状态，那就要在遇事时先让自己冷静下来，思考一分钟，等心情抚平后再去处理，便能用理智去面对所发生的事情了。实际上，当一分钟之后，你就会发现自己当初的举动是多么的可笑，如此你便不容易做出让自己后悔的事情来。

比如，你正开车赶时间，但前面的车开得极慢，你要生气时，一定要先忍耐一分钟，停下要按喇叭的手，静下心来想一想，也许那个人是第一天上路的新手，也许是工作中遇到了什么困难，情绪不好，也许是因为什么不顺心的事情才让他无法正常开车；比如受到领导批评了，你先学会忍耐一分钟，先别着急反击，静下心来想一想，自己的工作是否都保质保量地完成了，只要你想完了这些，那么，你的心情便不会再烦躁了，愤怒也自然烟消云散了。很多时候，只要你多一分宽容和理解，性子就会变得和缓许多。

王湘和老张在一起生活了30多年，两人年轻时，因为工作原因聚少离多，如今退休在家，本想可以过安稳幸福的日子了，但两人却经常因为鸡毛蒜皮的小事争吵不休。王湘对老张的不满越来越多：嫌他整日游手好闲，嫌他烟瘾太大，嫌他睡觉打呼噜声音太大……没完没了的争执，她觉得幸福离自己越来越远。

偶然一天，王湘在小区散步，遇到了昔日的同事刘姐。她怎么也未曾想到，退休刚一年，刘姐看上去似乎老了10多岁，憔悴得就像一枚秋风中的落叶。仔细一聊才知道，半年前，因为一点儿琐事，刘姐和老伴儿大吵一架，结果把老伴气得心脏病发作，急送医院也没能抢救过来。失去老伴儿后，刘姐像失群的孤雁一般，备感凄凉、落寞与伤心……拉着王湘的手，刘姐悔不当初："当时和他吵什么啊，鸡毛蒜皮的事，有什么容不下的呢？"说起往事，刘姐老泪纵横。

回家，王湘见老伴儿正趴在书桌上摆弄一盘新的围棋。刹那间，她的怒火“腾”地冲了出来，喉咙里似乎有千军万马在奔涌：“家里都有了那么多盘围棋，他怎么还买？”但她深深地吸了一口气，硬将涌到喉咙的话语又咽了回去。“一、二、三、四……”她在心里默默地数着，她告诫自己，待到数完六十，自己再做决定。可数着数着，心头的怒火竟然慢慢地消失了。不过是一盘围棋，他喜欢就买吧，虽然说他的退休工资不算高，但一盘围棋还是买得起的啊。当她试着站在他的角度考虑问题时，所有的怒气就烟消云散了……

从那以后，无论遇到多么令她恼火的事情，她都不再大发雷霆，而是深吸一口气，在心里默默地数数：“一、二、三、四……”她要忍耐一分钟后，再做决定。一分钟，六十秒，短暂的瞬间，但奇怪的是，往往一分钟之后，她发现那些令她无法忍耐的事情，大可一笑了之……而她脾气的好转，更令老伴儿异常惊喜，回报她的，是他更深的温柔与体贴：当她在厨房里忙碌时，他会悄悄地走来抱一抱她；当她外出迟归时，他会到楼下等她；当她为影视剧又哭又笑时，他会坐到她的身边并将她的手握在自己的掌心里……她的家，再也不见了弥漫的硝烟，取而代之的是甜蜜与安宁，是温馨与浪漫。

遇事多忍一分钟，会让你升腾的怒气瞬间被压下去，以冷静和理智收获幸福，拥抱快乐。时间久了，能让你彻底改掉你的坏脾气，整个人变得平和、宽容。

所以，从现在开始，当你怒火中烧时，先克制自己，忍耐一分钟，再去做决定，那么，长时间坚持，一定会让你摆脱急性子和坏情绪的困扰，你的人生也将收获和谐和幸福。

化怒气为力量，激发你的潜能

生活中，急性子者都容易被否定自己的声音所激怒。比如上司的批评，同事的嘲笑、讽刺以及他人对自己能力的否定等，都容易激发他们的怒气。如果不懂得控制，让怒气肆意蔓延，便会受到他人的排斥和憎恨，让你失去朋友，甚至有可能会断送前程。而如果你能将怒气转化为一种奋发向前的力量，那就有可能会改变你的现状甚至是命运。

几年前，刘涛是一家店铺的电脑维修工。当时仅有 26 岁的他，心中虽怀有远大的梦想，但自己所处的环境却与自己的理想相去甚远。

有一天，刘涛从朋友那里获得了一个消息，北京一家软件研发公司正在招工程师。在那一刻，刘涛高兴极了，于是便决定去试一试，他期望幸运可以降临到自己头上。但是，事情并不是很如意，面试官向他提的一些基本专业问题，他都回答得一团糟。末了，面试官对他说："看得出来，你是个眼高手低的人，还是回去踏踏实实做你的维修工吧！"

刘涛听罢，有些生气，但很快将怒火压下去了。回到家里，他一个人坐在窗户边，看着外面闪烁的灯光，不由得陷入了沉思中。他脑中不停地回想起面试官的那句话，仍旧怒气冲冲的。但是，他很快又恢复了平静，心想：我不能再这样下去了，生气、愤怒并不能解决任何事情，我要好好反省，以后谁都不能小瞧我！

随即，他开始反思自我，认为自己并非智力低下，而是因为自己的情商太低。他发现，与周围那些成功的人相比，自己最为明显的缺陷就在于总是情绪失控。他记得有一次，公司要从维修工中提拔一个优秀的人为小组管理者，但是他却因为内心的胆怯和不自信，让自己错失了那次机会；还有一次，他在维修电梯的过程中，因为一件小事情与小区人员发生了冲突而受到了领导的批评，从此之后，他便失去受领导赏识的机会；他在工作中，也时不时地会因为不够理智与同事发生这样或那样的矛盾或冲突，想到这里，他的思绪一下子清晰了起来，他第一次意识到自己的最大缺点在哪里：情绪不够稳定，过于冲动，遇事不够冷静，有时候还会莫名其妙地自卑。

一整个晚上，刘涛都在进行自我检讨。他发现自己自工作以来，一直都是得过且过、眼高手低的人。同时，他也暗自下定决心，要改变自己，努力克制自我情绪，重新塑造一个全新的自我。

第二天起床后，刘涛感觉到从未有过的轻松。他开始学会调控自我，每天都微笑着对待周围的人，而且还专心研习软件开发知识，并虚心向同事和领导请教一些细小的问题。两年后，刘涛便得到了机会的垂青，他被一家有实力的软件公司看中，最后成了那家公司的骨干。

刘涛在没有受到别人打击时是一个得过且过的人，当受到别人的批评后，他有些愤怒。但愤怒的结果有两种：一种是自暴自弃，另一种是积极向上。刘涛的成功就在于他能及时化怒气为力量，通过自我努力，为自己赢得了不错的前程。如果他当时与面试官大吵一架后自暴自弃，那么他的前途很可能会一片渺茫。

可以说，一个人只有掌控了自己的内心世界，才能掌控外面的世界。也可以说，一个人如果有强大的征服自我的能力，那么，他也能很容易征服世界，所以，从这个意义上说，成功属于有自控力的人！

那么，如何才能将怒气转化为个人前进的动力呢？

(1) 正确地评价自我，不要过高或过低地看待自己。要化怒气为力量，就要懂得正确地认识并评价自我，看清自我的优势和劣势，才能避免在被人嘲笑或讽刺的时候放弃自己，在失落的时候不小看自己，在顺利的时候不高估自己。只有对自己有正确的评估，做自己可以胜任的事情，对自己有一个合理的预期和评价，才能在不断的进步和成绩中一步步地走向成功。

(2) 培养自己独立的人格，做自己的主人。做自己的主人，确立属于自己的原则，知道自己该坚持什么，什么无法容忍。人云亦云并不能帮助你解决任何问题，反而会让你陷入迷雾中，最后一点点迷失自我。所以，在因他人的嘲讽或打击而使你愤怒或情绪低落的时候，不妨告诉自己："我是自己命运的主人，别人谁也主宰不了我。"默念几遍后，你就真的能从悲愤中一步步地走出来，通过努力，成就全新的自我。

第五章 沉得住气，方能成大器：急功近利无异于自毁前程

生活中，急性子者不仅深受坏情绪的影响，在工作和事业中，他们也容易受“急于求成、急功近利、总想着走捷径、刚一付出就想得到回报”等浮躁思想的影响，所以很难有所成就。要知道，任何事物的发生、发展都需要经历一定的过程，急功近利无异于自毁前程。所以，性子急的人，要想在事业上有所突破，取得成就，就一定要沉得住气，学会耐心等待，懂得在一个岗位上苦心钻研，踏踏实实做一个专注的“匠人”。

正悄悄毁掉你的，是急功近利

曾有一幅题为“正悄悄毁掉你的，是急于求成”的漫画风靡网络：画的是一位光着身子、在漆黑寒冷的地窖里冻得瑟瑟发抖的年轻人，正蜷缩在一堆火旁取暖，而这堆火的柴，正是从他身边靠着的长梯上砍下来的。其实，这位年轻人，本可以沿着梯子走出寒冷的地窖，但他却因为“急功近利”把旁边通往光明和温暖之路的梯子给毁坏了。这寓意的正是当下多数处于浮躁状态的年轻人的心态：人人都想快速实现发财梦，就像快速食品一样，恨不得能一口吃个胖子。商人都想知道成功的捷径是什么，为了急功近利，不惜毁掉尊严、失掉诚信、亲手断送自己的前程；学生在考试前会问老师，考试范围在哪里；上班族常会问老板，如果加班，能给多少辛苦费……在成长的道路上，大家似乎个个都成了“急性子”。

从心理学的角度分析，急功近利实际上是一种极不自信的行为。作家因为急功近利而写不出好的作品，艺术家因为急功近利而忽视了艺术和功底，运动员因为急功近利而会有违规行为，有人因为急功近利而过早地戴上“近视镜”，只看到眼前的一点利益，而将未来的发展道路给堵死，为了求一时的痛快，以长远的痛苦作代价。这样你虽一时得到，可是你付出的却太多，最终的所得却少得可怜。期望越大，失望便也越大。过度失望，让你觉得活得累，毫无幸福可言。

从前有个老太婆养了一只老母鸡，这只鸡不仅长得高大肥壮，叫起来好听，还有一个特别的珍奇之处，就是每天下一只金蛋。老太婆每天得到一个金蛋后，就什么事也不用干了，日子过得很不错。可是她是个很贪心的人，想尽快得到更多的金蛋，因此常常守候在鸡身边。这只鸡一天只能下一个金蛋，老太婆心想，既然它能下金蛋，说明肚子里的金蛋还很多。她为了取出所有的金蛋，就把鸡给杀了，没想到剖开鸡肚子一看，里面一个金蛋也没有。她十分后悔，但已经来不及了。

这是“杀鸡取卵”成语的由来，用来比喻只图眼前利益，不顾长远利益的后果。现实生活中，多少人也在做着此类的事情呢？

马云说：“急功近利是毁掉个人事业最具破坏力的因素之一，它让人永远沉沦在拼搏的痛苦之中，无法享受过程。让人不知满足，无法享受成果；让人患上近视症，只顾眼前利益，这样的人事业永远做不大。”的确，从事业的角度考虑，“急功近利”从根本上限制了人们的视野，一个目标低下的人是不会有出息的。

张晋是深圳一家电子公司的技术部经理，在线路板技术领域有很高的威望和成就，而且做事果断，为人实在，深受领导的器重，有着不错的职业发展前景。

有一天，张晋的一个同行业的朋友打电话，约他到酒吧喝酒。张晋没事，也想放松一下，就到了相约的酒吧。

对方先点了几杯上好的鸡尾酒，几杯酒下肚，朋友对张晋说：“兄弟，我有一个忙想请你帮！咱们可是老乡，一同从家里出来打拼的，你一定得帮我哟！”

张晋问道：“什么忙，我能帮上的一定会帮你，凭咱们的交情，还用这么客气吗?”

朋友说：“我们公司最近和你们公司在洽谈一个合作项目，如果你能把你们公司相关的技术资料给我提供一份，我一定会在谈判中占据主要地位！”

“什么，你不是让我泄露公司机密吗？这可是犯法的事情呀！”张晋皱了皱眉头。

朋友压低声音说：“这事你知我知，根本不会有第三个人知道。再说了，这事办成功了，我们也不会亏待你！”

听了这样的话，张晋有些动心。心想，自己辛苦出来打拼不就是为了钱吗？再说这可不是一笔小数目，有了这笔钱，他便可以在本市买房成家了。想到这里，他的心动了一下。随后，他暗暗地默许了朋友开出的条件。

几天后，张晋就按朋友所说把公司的技术资料复印好，交给了朋友。朋友也按约，把支票给了张晋。

接下来的事情可想而知，公司在与对方公司谈判的过程中，就是因为技术资料被泄密，一直处于被动的地位，最终损失额高达几百万元。这让公司老总大为恼火，于是专门派人彻查此事。最终，真相大白以后，张晋被辞退，那所谓酬劳也自然被退回！更糟糕的是，这件事在圈内传开了，没有哪个企业敢用张晋了，他的职业前景被这件事给彻底断送了。

张晋本来有不错的职业发展前景，可他却因为“急功近利”毁了自己的前程。他的经历也给我们这样的启示：面对任何诱惑都要守住自己的底线，守住做人的基本原则，否则，就是搬起石头砸自己的脚，终会自食恶果。

急功近利者，往往耐不住寂寞，总是这山望着那山高；心浮气躁，无恒心，稍不如意就轻易放弃；做事朝三暮四，见异思迁；总想投机取巧，既要鱼也要熊掌；从来不肯为一件事情倾尽全力，喜怒无常，自寻烦恼。这些都是悄悄毁掉一个人的重要因素。所以，对于急性子者来说，要成就事业，就要学会祛除浮躁，沉下心来去做一个脚踏实地的“匠人”。

你要做的不是“找”，而是“等”

一位在几年内换了好几个行业的小老板向一位知名企业家诉苦道：“这几年干什么赔什么，真是倒霉极了。你能告诉我接下来该如何去寻找商机吗?”

企业家告诉他：你要做的不是“找”，而是“等”。

一位在三年内换了几次工作的年轻人苦恼地说：“这几年换了几次工作，都没有适合我的，我接下来该干什么呢?”

朋友告诉他：你要做的不是“找”，而是“等”。

“你要做的不是‘找’，而是‘等’”是给缺乏耐心、急功近利的急性子者的一种忠告。当然，这里的“等”并不是被动的、什么也不做式的“等”，而是静下心来，脚踏实地在一个行业或岗位上坚守式的“等待”。要知道，当你的心无法专注于一个点上时，即便你换再多的行业，换再多的工作，一样是失败和失业。“等待”就是坚守，坚守内心的信仰，坚守让自身价值变为“财富”。

畅销系列书《哈利·波特》的作者是英国作家J.K. 罗琳，从刚执笔写作到完成第一部作品足足花了好几年的时间。一次偶然的机会，她在火车上看到一个瘦弱、戴着眼镜的黑发小巫师，创作灵感油然而生。从此之后，她把自己大把的时间都花费在构思小说上。为此，她还被炒了鱿鱼，失去了秘书的工作。在一次演讲中，J.K. 罗琳提及了她的经历：“我可以说，在我毕业仅仅7年后，我经历了一次巨大的失败。我突然间结束了一段短暂的婚姻，失去了工作。作为一个单身妈妈，而且在这个现代化的英国，除了不是无家可归外，我可以说要多穷就有多穷。”

“那时候我只是单亲妈妈，白天打工晚上还要独自一人带小孩。我的日子是永远都难以找到写作的时间。”

“我受尽了生活的磨难，但在接下来的几年时间里，我仍旧专注于我的写作。在离异之后，我独自带着女儿靠政府的救济金居住在爱丁堡的小公寓里。”作为一位单身母亲，罗琳的生活极为艰辛。在开始写作《哈利·波特》系列童话的第一部《哈利·波特与魔法石》时，她在寒冷的冬季，推着婴儿车跑到附近一家咖啡馆边取暖边写作，手头拮据的她只能点一小杯廉价的咖啡，趁女儿睡着时，她会把故事写在小纸片上面。

未有过任何写作经验的罗琳，在酝酿和打磨了5年后，才写出了故事的第一集。随后，她又花了一年时间才找到合适的出版社。但《哈利·波特》在1997年出版后旋即造成轰动。随后她又出版了一系列的图书，在2004年，罗琳荣登“福布斯”富人排行榜，她的身价达到了10亿美元。经过一系列的生活磨砺和对内心梦想的坚守，罗琳终于迎来了属于她的人生“艳阳天”。

其实，一个愿意用信念坚持的人，终有一天会像罗琳一样迎来属于他的“艳阳天”。其实，任何一个岗位，任何一件小事都有机会，关键要看你内心是否有足够的定力和忍耐力去磨砺。现实中，总有很多人会抱怨自己做的很多事情太浪费时间，坚持很久却进展太慢，或者丝毫没有进展。心急的人总是想着如何去找，可是他们似乎忘记了一个极为重要的本质：修炼内功，让自身增值，从而用深厚的底气去触及所谓的“成功”。

曾获得过奥斯卡最佳导演奖的华人导演李安，他的辉煌人生也是他默默地“等”来的。他去美国念书时，已经26岁了。父亲听说他要去美国学拍电影，很是恼怒，觉得那是个没有前途的行业。但是李安还是义无反顾地去了，因为他知道，拍电影是他此生唯一的爱好。

后来，在美国完成学业后，曾一事无成地在家里沉寂了6年。在中国传统观念中，男人过了30就应该有一份稳定恒久的事业养家糊口，可是，李安一家人只能靠妻子的薪金度日。为了缓解内心的愧疚，李安每天除了在家里大量阅读、看片、埋头写剧本外，还包揽了所有的家务，负责买菜、做饭、带孩子，将家里收拾得干干净净。每到傍晚做完饭后，他就和儿子等妻子回家，这常常令妻子感动异常。

其实，妻子对他也有十分绝望的时候，但她仍旧坚持不让李安做无谓的糊口工作。有一次，李安偷偷地开始学电脑，希望能赶快找一份工作养家糊口。但没多久就被妻子发现，妻子狠狠地对他说："学电脑的人那么多，又不差你李安一个！"在妻子的坚决反对下，李安只好打消了出去打工的念头。妻子很明白，李安真的只会拍电影，别的事情根本不会感兴趣。她愿意与丈夫一起在沉寂中等待。后来，李安的剧本得到基金会的赞助，他开始拿起了摄像机，拍的一些电影开始在国际上获奖，他终于迎来了属于自己的"春天"。

每个人都想成为下一个 J. K. 罗琳和李安，但是谁又能在人生最黯淡无光、无助失意的时候还能坚守自己的内心，谁又能耐得住人生漫漫的寂寞，而且这种寂寞足可以削平人的意志，冷却他最初的狂热心性。

现实中，很多急性子者都觉得自己当下做的事情完全没有意义，似乎看不到什么希望，未来也是一片漆黑。于是内心开始活跃起来，不停地换行业、换工作，到最终只能一事无成。要知道，每个行业都一样，但凡有大成就者，都是靠汗水与心血堆积起来的，一定要经过一段艰苦的过程。也许前三年、前五年，甚至前十年你都不如别人风光，但是只要你肯沉下心来修炼自己的内功，而这个过程是最有价值的，它就可以筑就不平凡的自我。

其实，在寂寞和困难面前，谁能坚守到最后谁就是胜利者。胜负其实很多时候只是内在毅力的比拼。著名企业家富威尔·伯科斯顿说："我活的时间越长越确信：人与人之间，强者与弱者之间、大人物与小人物之间最大的差异，就在于其意志力的大小，也就是压倒一切的决心。一旦树立某个目标，你就要坚持到底，奋斗到底。如果具备了这样良好的素质，你就会在这个世界上所向无敌。”

与其一味狂躁不安，不如耐心从头开始

生活中有很多人，尤其是当下的年轻人，总是会莫名地为当下的窘迫状态而着急：觉得自己要什么没什么，孑然一身，是彻头彻尾的失败者。他们为此时常焦虑不安，夜不能寐，甚至变得越来越狂躁。他们只将眼光锁定在现状上，为自己当下的窘境而抓狂，甚至还时常抱怨环境，诅咒自己和身边的人，但是越这样，越无法改变现状。

其实，当下的一无所有并不可怕，可怕的是失去前进的勇气，不懂得静下心来脚踏实地去创造。假如一个人总是为自己的现状而焦虑，甚至安于现状，不主动去改变，即便机会在眼前，也难以取得成就。

今年 26 岁的赵新从大学毕业到现在，始终没找到合适的工作。出身贫苦的他得不到家庭的任何经济支持，也没什么手艺，而且身无分文，最后只能窝在老家附近的小城市跟一个师傅学修鞋子。那时候，他心急如焚，觉得自己太无用了。但他静下心来反思道，一味地干着急并不能改变自己的现状，只有静下心来努力争取，才能让自己的生活变得更为富足。他的想法非常简单，觉得“艺不压人，学点手艺，之后能混口饭吃”。为了多挣点钱，

他白天在街上修鞋子，晚上到餐馆打工做清洁，虽然工作很辛苦，但他收获颇丰。在这期间，他学会了跟不同的人打交道，而这是在学校学不到的。两年后，他终于有了3万多元的积蓄，而这些钱对他来说是一笔非常可观的数目。

有了钱，他面临两个选择，是到县城去付个首付买套房和现在的女友结婚，还是继续到大城市打拼一番？他的年龄也不小了，爸妈总是为他的婚事着急。左思右想后，他还是选择了到省会城市去找工作，谋求更好的出路。经过一番考察，他在省城一条繁华的街上租了一个门面，开始了他的修鞋、擦鞋生涯。

凭着过硬的手艺，他的生意逐渐地好起来。后来，他发现前来修鞋的农民工，大都爱到附近的摊子上吃夜宵、喝啤酒。于是，他从别人那里进了一点烟酒摆在店里，没想到这竟然成了他走上烟酒代理的起点。卖烟酒时间长了，他发现从别人那儿进货成本非常高，于是聪明的他把目标聚焦到了烟酒品牌产品的代理上。当然，想要成为代理并非易事，谁也不会把大批的货物交给一个不到30岁的小伙子，而且当时很多啤酒厂都有专门的代理，再说他也没有那么多的资金，实力远远没达到做代理的要求。

赵新并没有因此而焦躁抓狂，进而退缩，他带着几万元钱来到一家知名品牌啤酒的生产厂家，寻求代理的机会。厂长听了他的来意后，一口便拒绝了。赵新并没有气馁，语气坚定地说："您不批发给我，我就不走！"厂长见他如此执着，便给了他一个在当时看似不可能完成的任务：回收十万个酒瓶子前来换酒。原来只是个玩笑，但没想到却被赵新放在心上了。他带着女友走街串巷，没日没夜地回收酒瓶子，最终果真收够了十万个酒瓶。厂长被他脚踏实地、肯干吃苦的精神打动了，便把酒批发给他。

后来，赵新经过不懈的努力，又陆续谈下了其他几个酒产品的代理权，一步一个脚印，其公司的销售额突破了 300 万元，而如今他还在努力着，相信在不久的将来，他一定会做出非凡的成绩来。

从最初的一无所有，到如今的百万销售额业绩的达成，赵新用他的脚踏实地谱写了一部商业传奇。在一无所有的时候，他并没有为此急躁抓狂，而是稳扎稳打，不断地突破自我。由此可见，从零开始并不可怕，可怕的是你在急躁中蹉跎岁月，最终仍旧是一无所有。

要做一个踏实肯干的人

张欣是一家公司的部门经理，最近她给自己招了个助理——韩琳。25 岁的韩琳，名牌大学毕业，性格活泼。小姑娘很聪明，不到一星期便掌握了全部的工作流程和待人接物的基本礼仪。后来，张欣开始让韩琳做一些部门间的协调工作，甚至连与客户之间的沟通和业务联系都让她去处理。

刚开始，韩琳经常出错，她很紧张。张欣看在眼里，劝慰她说，错了没关系，尽力按照自己的想法去做。一次，韩琳遇到问题了，就找到张欣，一上来就抱怨说，为何总让她去做一些琐碎的事？张欣当即问她：什么叫不琐碎的工作呢？

她答不上来，想了半天，跟张欣说："我觉得，我毕业于名牌大学，能力绝不仅仅只做这些，你该给我安排些更重要的工作。"张欣告诉她说："刚毕业缺乏社会经验的人，都该从基本的工作做起，只有把手头上基本工作做好了，才有资格去做更重要的事。"但这些话韩琳并没有听进去。

半年后，韩琳向张欣递交了辞呈。理由是：本科四年，功课优秀，没想到毕业后找到了工作，却每天处理的都是些琐碎的事情，毫无成就感。比如说，你整天让我贴发票，然后报销，然后去财务走流程，我一名牌大学生不该做这些鸡零狗碎的事。

张欣笑道："你帮我贴发票报销已有半年时间了吧？通过这件事儿，你总结出了一些什么信息？"韩琳呆了半天，答道："贴发票就是贴发票，只要财务上不出错，不就行了呗，能有什么信息？"张欣笑道："10 年前我刚到公司时，就是做的你现在的工作。本来这个工作就像你刚才说的，把票据贴好，然后完成财务上的流程就可以了。但其实票据是一种数据记录，它记录了和总经理乃至整个公司营运有关的费用情况。那些看起来无任何意义的一堆数据，其实它们涉及了公司各方面的经营和运作。于是我就建立了一个表格，将所有总经理在我这里报销的数据按照时间、数额、消费场所、联系人、电话等记录下来。我起初建立这个表格的目的很简单，是想在财务上有据可循，同时万一我的上司有情况来询问我的时候，我会有准确的数据给他答复。通过这样的一份数据统计，渐渐地我发现了一些上级在商务活动中的规律，比如，哪一类的商务活动，经常在什么样的场合，费用预算大概是多少；总经理的公共关系常规和非常规的处理方式，等等。当我的上级发现，他布置工作给我时，我总是处理得很妥帖，有些信息是他根本没有告诉我的，我也能及时准确地处理好。他问我为什么，我就告诉了他我的工作方法和信息来源。慢慢地，他基于这种良性积累，越来越多地交代更加重要的工作。再渐渐地，一种信任和默契就由此产生。我升职的时候，他说我是他用过的最好的助理。”

说完这些后，韩琳直愣愣地看着张欣。张欣接着对她说：“我觉得你最大的问题是没有用心。在看似简单不动脑子就能完成的工作里，你没有把你的心沉下去，所以，半年了，你觉得自己毫无成就感。”听完这些，韩琳收回了辞职报告。但又过了 3 个月，她还是辞职了。这次张欣没有留她，让她走了。

后来，韩琳经常在网上和张欣聊天，告诉张欣自己最近的工作情况。张欣了解到，在两年内，韩琳已经换了 5 份工作。每一次她都坚持不了多久，每一次都说新的工作不是她想要的工作。一年后，韩琳又辞职了，很苦闷，找张欣聊天，并一本正经地说：“我有些明白当初你对我说的那些话了，但现在似乎有些晚了，我已经荒废掉了近 4 年的时间。”

其实，所谓的职业生涯，就是在你当下的工作环境中踏实努力，达到你的职业目标。我们每个人很难预测自己将来要从事什么工作，所做的职业是否与大学所学的专业有关。大多数人很有可能将来所做的工作，跟其当初所学的专业一点关系都没有。毕业的前 5 年时间里，重要的不是你做了什么，而是你在工作中养成了什么样的良好的工作习惯。这个良好的习惯指的是，认真、踏实的工作作风，以及是否学会了如何用最快的时间去接受新的事物，发现新事物的内在规律，比别人用更短的时间去掌握这些规律并且处理好它们。具备了以上的要素，你就能成为足以被人信任和重用的人，你也一定会有不错的职业前景。

大多数新手，在工作的前 5 年时间内是看不出差距的。但这 5 年的经历就为你以后的职业生涯的发展奠定了基础，这是至关重要的。很多人不在乎年轻时走弯路，很多人觉得日常的工作人人都能做好，没什么了不起。然而正是这些简单的工作，循序渐进地、隐约地成为今后发展的分水岭。

漫不经心地对待基层工作的最大损失，就是看似简单的事物性处理方式，分界成为长远发展的能力问题。自以为聪明的人，总是不认为自己的能力有问题，但时间长了，他会抱怨自己运气不好，抱怨那些看起来资质普通的人，总比自己走运。所谓的怀才不遇，就是这种境况。

每个领导都需要一个聪明人，但更需要一个踏实的人。在聪明和踏实之间，所有的领导都更垂青于后者。踏实，是人人都能做得到的，与先天条件没有太大的关系。所以，对于刚参加工作的年轻人来说，要想有所成就，要想获得机会的垂青，请先做一个踏实的人吧！

沉得低，才能跳得高：别让“眼高手低”害了你

生活中，经常看到这样一群工作上的“急性子”：他们在任何一家公司待的时间都很短，他们的年纪不小，但永远是职场上的新人。他们总是觉得自己能力超群，不能受到重用，无可奈何之下，就离开再跳槽到另一家。几年下来，没有练就一项专业特长或技能，没有积累任何经验，最终一事无成。这些“急性子”在工作的时候，往往瞧不起那些小工作，即便是做了，也不是心甘情愿，总觉得自己被屈才了，受委屈了。结果大事没做好，小事也干不了，什么成就都没有。这种人往往自认为身怀雄才大略，却因为缺乏踏实、肯干的心态无法受到领导的器重。然而，可以试想，一屋不扫，何以扫天下？小事情做不好，如何做成大事情呢？想做大事，就一定要有做大事的能力和心态，而这种能力则是经过一点一滴不断积累而成的。如果你每天总是想着一些不切实际的“大事”，不仅实现不了你的雄心壮志，连自己眼前的饭碗都有可能保不住。

饭要一口一口地吃，能力需要一点一点地积累。即便你想受到重用，也要从小事情做起。如果总是眼高手低，最终只能一无所成。

曾经有记者采访李嘉诚时问道：“您的企业选用和起用年轻人的标准是什么？什么样的人是你最喜欢的？什么样的人您不

敢用？”

李嘉诚语重心长地回答：“不脚踏实地的人，是一定会当心的。我看人并不保守，但是我认为，一个根本不好的人，还不懂得脚踏实地，这样的人信用就有问题，无论你如何有才，都是第二位的。”

天上不会掉下馅饼，从来没有不需要付出任何辛苦努力的工作，也没有唾手可得的收获。工作需要你付出体力、智慧和时间。只有乐意主动吃苦，锻炼自己，才有可能得到应得的利益。你的吃苦耐劳带给企业的是业绩的提升与利润的增长，而带给你自己的则是知识、技能、才干和经验的积累与增长，还有源源不断的机会。当然，还有财富的增长。

高奋是一家大型机械生产公司的董事长，在过去十几年的经验积累之中，他将自己规模不大的厂子发展成为当下的上市公司。在接受媒体采访时，他深有感触地说起了自己的成长经历：

在刚刚毕业上班的时候，我只是一个车间实习生。公司从原材料、制浆、再生产到出厂，所有的生产流程一共有25个车间，我被安排到其中的10个重点车间去实习。主要目的是进一步了解公司的情况，熟悉公司的设备运作与生产流程，同时还要与职工交流沟通，参加各种体力劳动，经受各种酷暑和体力劳动的考验以磨炼自己的意志。我豪情万丈地开始了学习，因为我觉得我需要这样一个锻炼和接受考验的机会，这是我在公司站稳脚跟的基础。

我在车间开始一丝不苟地工作，十分注意观察和了解公司的工艺流程，掌握生产原理，并与员工聊天不断地拉近与他们之间的距离，遇到像搬运、推车、打件等这些体力活儿，我会主动动手干。我实习车间的温度高达50摄氏度，每天早上6点多钟就进车间，不到几分钟，我的衣服就会被浸透，一天要换几件衣服。但是我觉得正是那一个月的辛苦，才让我更彻底、更详细地了解了公司的运作流程以及各个部门的生产细节，这为我以后改进生产工艺奠定了坚实的基础，也是我将企业做大做强的基础。

由此可见，一个人的才能和经验都是从基层的各种细节工作做起的，只有脚踏实地，一点一滴不断积累，才能够一步一步地迈向成功。

马云曾经有过这样一番精辟的论断："所有的销售管理者在进入公司之后，首先都要从最基层的销售员做起，如果在6个月之后能够留下来，就可以继续留任。因为我想给他们更多的时间进行历练，只有沉得低，才能够跳得高。"

这个世界上从来就没有什么"世外桃源"，任何工作都不会如自己想象得那么完美，也都有不尽如人意的地方，作为一个有责任的人，要正确地对待工作中出现的一些问题、挑战，勇于从小事做起，敢于吃苦，在小事中不断地提升自己的能力，才能迎来更加美好的职业前景，最终的理想才能得以实现。

在抱怨赚钱少之前，先努力让自己“值钱”

“我为老板干活儿，老板给我工资，我的努力足够对得起自己那点少得可怜的工资了。”

“一个月就给我这么一点钱，凭什么让我做这做那?!”

……

在很多场合，我们都能听到类似的抱怨。说这些话的多数是性急的年轻人。他们本来有着丰富的知识、不错的能力，却因为生活在不断的抱怨中而常常必须面临如何找下一份工作的窘境。

多数年轻人不停地换工作，直接原因就在于嫌原来的老板“给得太少”。同时他们逢人便去抱怨老板是如何抠门、苛刻，从不去反思自己为何如此“廉价”。

其实，与其喋喋不休地抱怨工资低、赚得少，不如埋头努力，先让自己“值钱”。要“值钱”，就要懂得投资自己。就是说你可以先把能赚多少工资的事放在一边，想想如何才能得到一个让自我不断增值的机会。

你今天的工资可能是三四千块，如果为了多收入一两千块而频繁跳槽，你的生活现状会真正地改变吗？不会的，你照样买不起车子、房子。最终除了让自己不断在奔波中返回“原点”外，别无收获。

其实，刚刚步入社会的前10年，大家的工资是没有多大差距的。你的同学也许早你一年升个什么组长、领班、助理等，那也不重要。最重要的是你在第一个 10 年里要扎扎实实地投资自己。

当你人生奋斗的第一个 10 年走完了，如果你扎扎实实地把自己的基本功练好了，到第二个 10 年你可能就有机会成为一个部门主管。那时候，你的身价已经很高，你所掌握的资源、学到的各种技能，已经成为别人永远也盗不走的最大财富。

在人生的第二个 10 年，你可能会结婚，过着上有老、下有小的生活，如果你够踏实勤奋，你还能干到一个部门经理，你的收入还能勉强支撑一个家庭的开支。所以，你还得继续努力，在各种细节方面去积累经验，不断提升你的“身价”。

如果说第二个 10 年是自我“身价”的提升阶段，那么，人生的第三个 10 年则是你财富积累的开始。那个时候，你可能会有一家自己的公司，你的收入会远大于你的生活所需，人生的财富也会在此期间暴涨。

可是很不幸，绝大部分的年轻人的持续奋斗之路走不到第三个 10 年。他们往往在人生的第一个 10 年，因为计较多几百块钱的工资而放弃大好的学习机会。从此之后，其人生都在不断颠簸中度过。

事实证明，那些在刚开始就注重机会和自我成长的人，最终都能成为不凡者。

在美国西部，有个年轻的小伙子总梦想着自己能成为一名新闻记者，可他缺乏经验又没有熟人。他不知道如何才能得到一份报社的工作。有一天，他灵机一动，给报界名人马克·吐温先生写了一封求助信。

几天后，他就收到了这封改变他未来命运的信，信中说：“假如你能按照我所说的去做，我可以帮助你在报界得到一个职位。你现在要告诉我的是，你想到哪家报社去工作?”

小伙子把这封信翻来覆去看了几遍，又异常兴奋地写了一封回信。信中说明了他所心仪报社的名称和地址，并向马克·吐温诚恳表态，表示愿意听从他的指示。

又过了几天，小伙子收到了马克·吐温的第二封信，信中说：“如果你肯暂时只做工作而不拿薪水，你到任何一家报社，那么人家都不会拒绝你；至于薪水问题，你可以慢慢来。你可以对报社的人说，我非常热爱记者的工作，我可以从零做起，并且不需要任何的报酬。听我的，我保证你会找到一份你想要的工作。

“在你得到第一份工作后，不要以为不拿薪水就可以没有工作压力；正好相反，你一定要全力以赴。得到那家报社的重视以后，你再到各地去采写新闻。如果你所采写的新闻稿件确实符合编辑部的要求，报社自然就会陆续发表你的作品。当你正式成为一名外派记者或者编辑时，也就自然成为这个报社中的一员了。慢慢地，大家也会觉得离不开你，你自然也就不用为自己的薪水而担忧了。”

读完这封信，年轻人异常兴奋，但又有些担心，这的确是一个好办法，但问题是能否行得通。最终，他还是照做了。就这样，他到了一家向往已久的有名气的报社。在报社工作的第一个月里，他遵照马克·吐温的嘱咐，兢兢业业地去学习新闻写作，发掘新闻素材，做好每一件琐碎的小事情。不久他的采访稿终于被编辑部采用了。为此，他很受激励，更加努力，采写的新闻又频频出现在报纸上面。

慢慢地，小伙子的才气与名字已经在报社广为人知。几个月后，他收到了另外一家知名报社的聘书，表示愿意出高薪聘请他。他所在的报社听说此事以后，以双倍的薪水待遇将他留了下来。就这样，他在那里继续待了5年，5年后，他已经成为那家报社的主编了。

除了这个小伙子外，另外的几个年轻人也在马克·吐温的指导下顺利找到了理想中的工作。这位世界顶级大师告诉年轻人，只要用心，走到哪里都不难找到工作；找对了平台，再付出努力，迅速晋升将不再是难事；“身价”如果高，财富的积累都是轻而易举的事。当然，在此过程中，不要总想着老板能给你什么，而应该想着你能给老板带来什么，那些只知道向老板或单位索取的人，则一定会遭遇失败！人生也一定会是混乱不堪！

做“行家里手”，成为业内不可或缺的优秀者

很多内心浮躁的急性子，缺的就是沉下心来为一件事倾尽全力的执着精神，这是导致他们在事业上一无所成的重要原因之一。为此，我们给出的建议是：懂得在一个行业中积累和沉淀自己的技能，将自己的长处经营到极致，把一项事情做精、学专，成为某个领域内的行家里手。

每个人都有独特的才能，每个人的特长才是个人成长的最大空间。人之所以能有所成，不是因为其弥补了某项弱点，而是因为他最大限度地发挥了自己的特长，并能以专注的精神将工作做到极致，成为某个行业的精英，从而成为不可或缺的人物。

10 年前，刚刚初中毕业的许博就从大山里来到城市，进了一家工厂，成为一名电工。在工作中，他慢慢地对电工学着了迷。于是，他坚持边工作边学习，经营自己的长处。在学习中工作，他实现了从一名普通的一线工人到知识型、创新型工人的跨越。

刚刚参加工作时，因为文化知识薄弱，许博在工作中经常出错而被领导训斥。在气愤的时候，他曾想过一走了之。但是，他明白如果自己离开，就意味着要回农村老家种地。于是，他便忍下来了。在忍耐之余，他为了提升自己，买了很多本电工方面的书籍来看，并整天琢磨着这方面的理论知识。那时，许博把厂里的前辈都当成了师傅，不懂就问，不会就学，很快便掌握了各类工作的基本理论、组织方法和施工工序。休息时间，他为了开拓视野，及时掌握行业内的先进技术，跑得最多的就是图书馆、新华书店等。

当谈及自己的学历，许博引用劳模许振超的一句话：“一个人可以没有文凭，但不能没有知识，可以不进大学殿堂，但不可以不学习。”工作之余，他完成了某大学电气自动化专业函授本科的学习，随后又取得了高级技师资格证。

“当好工人，既要苦干实干，更要敢想敢干、巧干会干。”许博是这么想的，也是这么做的。一次，工厂从德国引进一台电焊机，刚到车间，许博就对这台先进的机器琢磨起来。那时机器经常出现故障，总要从北京请人来维修，非常麻烦。许博看在眼里，就默默地研究起来。不久，机器再次出现故障，他通过平时的学习积累，对照着说明书，竟然靠他自己就把机器修好了，这让同事对他“刮目相看”。修好机器，与其说是他的幸运，不如说是他的专业水平已经达到了相当高的水准，在理论中不断地实践，他已经对电学知识融会贯通，达到了相当精通的水平。

有一天晚上十点多钟，工厂里一台正在工作的焊机出现了故障，因为没有配件，维修人员实在没有办法。机器停了，生产任务就要受影响。在紧急情况下，许博被叫到了现场。虽然他是第一次修这种设备，但他却没有慌张，沉着冷静地去查看说明书，仔细查阅厂家资料，反复寻找合适的配件，仅花了 2 个多小时，机器便在他手中恢复了“生机”。

后来，工厂里只要是一些简单的机器设备出问题，都会让他来维修，慢慢地，他在厂里也小有名气。在同事眼中，许博是个爱“琢磨事”，闲不住的人，经常会提一些异想天开的“点子”。可正是他的这种爱琢磨事的劲儿，让他逐渐成为工厂里的小能人。

4 年后，许博因为工作出色，被提拔为设备科科长。他整改工厂的电器设备，为工厂节约了 30 万元以上的生产成本。成为工厂中技术骨干的许博，并没有故步自封，相反，他总是在一次次的检修、故障抢修等工作中反复琢磨，总结分析自身的不足，让自己的技术水平得到更大的提高。

渐渐地，许博的名气在行业内大了起来，引来了许多企业的高薪聘请函，但他仍不为所动，潜心在原工厂搞科研，搞技术创新。几年下来，他的许多项发明已经申请了专利。如今的他已经被厂里高薪聘为副厂长，并多次被派往德国学习。他已经成为工厂不可或缺的一员，每年经过他手的整改项目，都为工厂带来了巨大的利润。

仅有初中学历的许博，却参与了工厂许多科技创新项目，并获得了市级奖项，其中的艰辛不言而喻。他的行动也鼓舞了身边很多普通的工人，要像他那样，用理想规划人生，用知识武装头脑，用毅力成就事业。

在工作中，只要你善于经营自己的长处，并以精益求精的心态让你的长处发挥到极致，就能成为不可替代的人。

美国管理学者华德士指出：21世纪的工作生存法则就是要建立个人品牌。他认为，不只是企业、产品需要建立品牌，员工也需要在职场中建立个人品牌。所谓个人品牌，也就是作为员工在职场中的比较优势。竞争并不可怕，可怕的是自己没有独特的优势。从现在开始，发现自己的优势，以“精益求精”的态度将你的优势发挥到极致，让你的领导一下就想起你：“哦，这项任务由他来担当最合适，他具有这方面的优势！”

要有一遍又一遍，坚持完成一件事的坚持

著名的格兰特将军意志坚强、无所畏惧的品质是众所周知的，同时这些品质也给所有和他接触过的人留下了极为深刻的印象。艺术家弗兰克·卡本特在白宫创作《〈独立宣言〉的签署》时，曾经经历了一段非常焦躁不安的时期，他曾无数次地想放弃，但还是坚持了下来。一次，他问一名文职官员："与其他将军相比，格兰特留给你印象最深的是什么？"

那位官员回答说："他最突出的特征就是对目标勇往直前的冷静坚持。他从不轻易兴奋，但是，一旦他盯住了某样东西，低下头耐心地坚持下去，那么没有任何事物能动摇他的意志力。"对于很多性急的人来说，之所以做什么都会一败涂地，就是因为骨子里缺乏坚持精神。所谓的"坚持"，就是对事情"不放弃"；所谓的"不放弃"，也是一种"思想的深度"，既要完成某件事情，又要敢于反复地尝试各种办法，不屈不挠地坚持做下去，直至做好为止，这是成功的最务实做法。

日本著名企业"秋山木工"的创始人秋山利辉在带领他的徒弟进入作业场之前，必须让他们成为一个懂坚持、执着的人。即使是否定，学员也要敢于大胆地说出"请让我再试一次"，如果还是不行，就要拼命地纠缠、想办法，找出让对方指导的方法，直至做到让自己满意为止。一遍又一遍，坚持做成一件事的执

着，正是这份“执着”，使秋山木工的多数学徒都成为一流人才，遍布世界各地，也成就了秋山木工企业的一流地位。

1933年，大川良夫成为东京市中野区的“大川蒸笼”第二代继承人。这家老铺近乎执拗地沿袭着1000多年前的技术，所制作的蒸笼完全不使用黏着剂，而是用樱花树皮一针一线缝合出来的。

笼型马毛过滤器是一种被广泛应用于世界美食舞台的工具。和金属丝做成的过滤器相比，马毛具有很强的弹性，不易切断食物中的纤维，因此口感更佳。不过，事实上“大川蒸笼”真正制作马毛滤网是从2001年才开始的。那一年，爱知县供应马毛滤网的一家作坊突然宣布停业，这项绝活面临失传的风险。无奈之下，大川夫妇两人立即过去，找到了当时83岁高龄的马毛滤网专业之人，请他传授他们制作的方法。他们又在当地的民间博物馆里找到了织网机，拍下照片，回到东京后仿制了一台。此后，在不断的重复和改进下，大川终于掌握了编织滤网的技术。要知道，这是一项在300多根经线上每隔2毫米就要织入两根或三根纬线的操作，需要极大的耐心和经年累月的练习。

而如今，会制作这种过滤器的工厂全世界仅有日本为数不多的几家，“大川蒸笼”便是其中之一。

埋头钻研技术，几十年如一日，一遍又一遍，坚持将一件事情做到完美，正是当下多数人所缺乏的一种精神。做事浅尝辄止、疲于应付、不肯钻研也是当下人的通病，而浮躁的最终结果便是被现实所淘汰。也正如韦尔奇所说，一个人如果围着一件事情去转，到最后世界可能会围着你转；但一个人如果总是围着全世界去转，最终全世界都可能会将你抛弃。

发明大王爱迪生在研制白炽灯时，尝试了上千种材料，均告失败。有人嘲笑他说：“你永远不会成功。”爱迪生不为所动，沉下心，坚持废寝忘食地进行研究。终于，他成功研制出世界上第一枚电灯泡，给自然界带来了光明。

在爱迪生的发明中，遇到困难最多、耗费时间最长的要算蓄电池了。他一共花费了15年的时间才研制成功，在这个试验中共失败了5万多次。当所有人都灰心丧气时，他却乐观地说：“我想，‘自然’它并不是无情的，它一定不会永远深藏着蓄电池的秘密。”终于，他成功了！他的蓄电池被用于火车、轮船上，成为发电厂的电力来源，甚至直到今天人们还在使用这种蓄电池。

而蓄电池之所以能够成功，就在于爱迪生能够坚持。他一生坚持研究，创造了一系列使后人受益匪浅的发明。他的名字熠熠生辉地烙印在史册上，经岁月流洗而不褪色，盛名流传至今。是坚持，让他一生光彩。

能坚持下来是件极不容易的事。鲁迅先生就非常赞赏虽然是最后一个但仍然要坚持跑到终点的人。这样的人在赛程中自然不会被荣誉的光辉所笼罩，但却是最能鼓舞我们这些虽然平凡但拒绝平庸的人。其实，如果我们能以这样的竞技状态来应付日常所有平淡无奇的生活，这本身就是一种奇迹。

坚持的人永远不会停下来怀疑自己是否会成功，他唯一要考虑的就是如何前进，如何走得更远，如何更接近目标。

谈迁是明末清初著名的史学家，他在29岁时开始编写著名史书《国榷》。当时，因为家境贫困，买不起参考书，他就到处求人，有时候，为了搜集一点点的资料，他带着铺盖与食物跑近100里的路。正是他的勇于坚持的性格，在27年之后的一天，《国榷》初稿写成了，先后修改6次，长达500多万字。不幸的是，初稿尚未出版却被盗了。这一沉重打击，令他肝胆欲裂，痛哭不已，然而却没有动摇他著书的雄心壮志。他擦干了眼泪，又从头写起。他不顾自己年老多病，仍旧东奔西走，历时八九载，终于在65岁时写成了这部卷帙浩繁的巨著。

不凡者都有执着、固执的个性，他们一旦认准了一件事情，哪怕再细小，也会安静地坚持做下去。因为他们不满足于现状，不能够忍受一个不完美的事物或事情在其生活中出现，这种信仰激发了他们无穷的潜力，促使他们走向卓越！

欲戴王冠，必承其重

在单位或工作中，还有一种所谓的“小格局利己主义”的急性子，他们一遇到难题，就立马撂挑子，嚷嚷道：“大不了辞职走人，不干了！”这种人多数不容易有成就。就是说，很容易情绪化和轻易就言放弃的人，是不可能有大作为的。也许你会说，工作压力那么大，自己也只是随便说说而已。其实并不是因为你压力大，而是因为你扛不住压力而已！

在承受压力时的个人状态，是判断一个人在未来是成为老板还是员工的标准。员工不用承受压力或者说承受不住压力，只要有一点点压力就会到处嚷嚷，恨不得全公司的人都知道自己加班了，遇到难题了。遇事总爱打自己的小算盘，老板让你多干活儿就开始算计：你给我开多少钱啊？你让我多干，给我加钱吗？而老板在遇到问题时，只会想着解决，而不会去想退缩。在受了委屈时，除了默默承受外，还要压抑自己的负面情绪，尽可能地释放正能量，传播给周围的员工。

马云说："一个人能受多大的委屈，就能成多大的事儿。"这是一定的，也是有现实依据的。为什么一个领导无论遇到多大的困难，都不会轻易言败，而一个员工遇到一点不顺的事就想逃避？为何一对夫妻再大的矛盾，也不会轻易离婚，而一对情侣却经常为一些细小的事情就分开了？说到底，你在一件事或一段关系上投入的多少，直接决定你能承受多大的压力，能坚守多长时间，能取得多大的成功。

曾在一家著名企业工作的员工，诉说他的经历：一天加班到很晚，回到家已经凌晨3点钟了。刚想睡觉，突然收到一份邮件，是老板发来的，说我工作中出现了很明显的纰漏，并批评我工作做得不到位。我收到邮件后很崩溃，委屈得很。于是当即奋笔疾书，给老板回邮件诉说我对工作是如何用心，如何努力出业绩……洋洋洒洒地写了2000多字。

写完了，我突然有些冷静了，就开始琢磨：如果我是老板，我对一个员工工作不满意，于是给他写了邮件批评他，最终看到他洋洋洒洒的解释和辩解会是什么感觉？遇到处处为自己开脱责任的员工，我会重用他吗？显然不会。突然间，我明白了这样一个道理，于是就把那封邮件给删了，只是简单地回复了一句话：对于大意所出的错误，我会尽快修正。同时，我也会反思我的工作，尽快做出调整。

两个月后我晋升了。在晋升仪式上，我对老板说起此事，他对我说，我知道你当时满心地委屈，我就是想看看你面对委屈和压力时，会有怎样的反应，这体现了一个人的成熟程度。

冯仑说，伟大都是熬出来的。为什么用“熬”？因为普通人承受不了的委屈你得承受，普通人需要别人理解安慰鼓励，但你没有；普通人用对抗消极指责来发泄情绪，但你必须看到爱和阳光，在任何事情上学会转化消化；普通人需要一个肩膀在脆弱的时候靠一靠，而你就是别人依靠的肩膀。

屈辱，可以成为泯灭一个人理想之火的冰水，也可以成为鞭策一个人发奋努力的动力。在工作中受屈辱是坏事，但也能变成好事。关键看你以怎样的心态去对待它。受到屈辱时，我们立马会想到“尊严”，但是比尔·盖茨说：“没有人会在乎你的尊严，你只能在自我感觉良好之前取得更多的成就。”也就是说，身为一个员工，你的尊严更多源于你的努力和成就。所以，在你受屈辱时，请先想一下自己是否有足以维护自我尊严的实力和才干。

心理学家认为，人有三大精神能源：创造的驱动力，爱情的驱动力，受屈辱的反作用驱动力。受到屈辱就是一个人在精神上受压迫，它像一根鞭子，鞭策你鼓足勇气，奋然前行。一位哲人说，无论怎样学习，都不如他在受到屈辱时学得迅速、深刻、持久。屈辱使人学会思考，体验到顺境中无法体会的东西；它使人更深入地去接触实际，去了解现实，促使人的思想得以升华，并由此开出一条广阔的成功之路。当然，要做到这些的前提就是要有在受到屈辱时积极正面的心态。

第六章 接纳不完美，修炼强大内心：让“急性子”无立锥之地

从根本上讲，与其说一个人个性急躁是定力不足，不如说是其内心不够强大。的确，一个人若总是遇到事便着急，遇到不顺便发怒，遇到不如意便争吵，遇到挫折便冲动，从根本上讲，都是因为内心太过弱小的表现。所以，对于急性子者来说，要想从根本上改变自己的性子，就要学会修炼一颗强大的内心。

沉默，学着控制自己的情绪

有些人性子急，遇事易冲动，结果伤人伤己，悔已晚矣。对此，要收敛自己的性子，遇事不妨试着保持沉默，等情绪平和后，再做出决定或者与人沟通。因而沉默是急性子者要修炼的，有时它比语言的激励更有影响力。

当然，这里所说的“沉默”并不是指寂静，不发出声音，而是让你学着压低自己的声音，控制自己的情绪，不随意向人发泄。很多时候，性子急者难以成大事，是因为无法控制自己的情绪。试想，一个人连自身的情绪都驾驭不了，该如何去面对事业上的坎坷和困难，该如何去解决纷争，面对人世中的各种纷扰呢？急性子只会让事情变得更糟糕。三国演义中的张飞便是有名的急性子，一言不合，便怒不可遏，拉住对方一顿斯打，到最终为此付出了十分惨重的代价。而刘备则不同，他也有情绪，但他却懂得控制，懂得沉默，因此才能从只有不到3000兵马的小人物一步步成为三分天下的英雄豪杰。

张静是一家培训机构的培训师，说话语速很快，自由演讲3个小时，没有任何问题。她本人原本是个急性子，在课堂上，只要哪个学员不仔细听，或者对她讲了多遍的内容领悟不了，她便会大发脾气，接着便“口不择言”，用各种恶毒的话，讽刺学员。比如，前几天，一位学员就因为迟迟无法体会她的演讲要义，被她当场痛骂道：“这已经讲过多少遍了，你的脑袋也太笨了。”后来，张静经常接到客户的各种投诉，她也面临被培训班辞退的风险。为此，她觉得自己有必要去改一下自己的个性了。

她运用的第一招就是沉，每次在自己心急的时候，为了防止再伤人，便立即会提醒自己“闭上嘴巴”。时间久了，她的个性已经修炼到不会轻易表露自己喜好和态度的程度。

一次，在早上上班的途中，张静在地铁出口处遇到一对中年夫妻，他们因为是外地人第一次来京，乘地铁买的是临时票，在出口时，因为不会插卡始终出不了站。张静帮他们演示了操作程序，对方将卡插入后，发现卡不出来。这对夫妻性急之下就和张静吵了起来，因为这样他们就不能换乘了。两人开始不停地在旁边责怪张静，说她多管闲事，并拉着她的胳膊让她赔乘地铁的钱。张静有口难辩，但始终保持沉默。她从包里拿出六个硬币放到对方手里，然后喊了工作人员，简单说明了情况，头也不回地走开了。

在接下来的时间里，无论遇到什么事，她都压着自己的性子，沉默应对。一段时间后，她的性子不再那么急了，人也变和缓了许多。

可见，沉默是急性子者控制自己情绪的好办法，这值得我们去积极尝试。欲成大事者，须先懂得去控制自己的情绪，须懂得隐忍不发，懂得积蓄力量，去寻求解决问题的方法。而那些只顾发泄怒气的人，则只会被自身的“情绪”控制，成为“急性子”的手下败将，有的甚至要为自己的急性子付出惨重的代价。

人生就是一场修行，不要让急性子成为你修行道路上的阻碍，不要因为一时的发泄而追悔莫及。

换位思考，让心情变美好

很多时候，性急、焦虑、痛苦、愤怒往往源于我们过度坚持自己对问题的看法。不同的人在看待同一件事物时的角度是千差万别的，遇事时站在他人的视角上对自我观点、自我做法进行审视，是有效回避急躁、减少挫折的有效方法。

今年 14 岁的凯瑞问老师：“我如何才能成为一个让自己愉快，也能带给别人快乐的人呢?”

“第一是要把自己当成别人！这样当你欣喜若狂时，把自己当成别人，那些狂喜也会变得平和一些！”老师接着说，“把别人当成自己！这样就可以真正同情别人的不幸，理解别人的需要，而且在别人需要帮助的时候给予最恰当的帮助。最后一句，把别人当成别人，即要充分尊重每个人的独立性，在任何情形下都不要侵犯他人的核心领地。”

这个对话提示了人对自己的认识过程，是一个从自我本位向他人本位转移的过程，而且实现这一过程需要的条件就是换位思考。其实，所谓的换位思考，就是从对方的立场和角度去考虑问题。在现实生活中，需要我们换位思考的问题比比皆是，家长与老师、老师与学生、批评者与被批评者、上级与下级、干部与群众，等等。如果你凡事都能换位思考，站在他人的位置上考虑问题、处理事情、解决矛盾，那么，你与他人之间便会多一分和谐，少一分矛盾或冲突。

换位思考是人类经过长期博弈，付出惨重代价后总结出的黄金法则。没有人是一座孤岛，社会是一个利益共同体。我们不能用自己的左手去伤右手，我们是同一棵树上的叶和果。克鲁泡特金在《互助论》中证明：只有互助性强的生物群才能生存，对人类而言，换位思考是互助的前提。

一位哲人说，大部分时间里，人与人之间的争吵，完全是可以避免的，其万能的法宝就是学会换位思考，让自己经常站在他人的角度去想一想。在我们的日常生活与工作中，难免会遇到与自我意见不同甚至是站在自我对立一面的人，这时双方应本着商量与探讨的原则去解决问题，唯有如此，才能让误会与憎恨减少。

要学会换位思考，必须从以下几点去努力：

（1）拥有辨别对错、是非的能力。要进行换位思考，首先要拥有辨别对错、是非的能力。不同的环境、人生观与不同的思维方式甚至不同的身份之下，都决定了个人思考角度的不同。要想在纷繁复杂的社会中让自己拥有换位思考的能力，首先一定要让自己拥有辨识对与错、是与非的能力，唯有如此，个人才能在进行换位思考时，不至于让自己被各种情绪所影响。

（2）先冷静，再换位。进行正常思维的前提是让自己清醒和冷静下来，而换位思考并非在任何一种环境下都能够做到。在正常的情况下，一个人一旦受到他人观点、看法的冲击，很容易被情绪所控制，这个时候人往往会过度地坚持自己的意见——哪怕这种意见本身是错误的。

（3）认识到自我思维的局限性。所谓的换位思考，即主观地站在对立面的角度去考虑、发现问题或者观点的正确性，避免因为考虑问题的主观性，使自己的观点缺乏客观的普遍性，产生片面的结果或者决策。在思维的主观与客观间，应该明确地认识到自我思维拥有着片面、独断的特点，可能自己的某些想法与思维还存在着不具备现实可行性的思维方式，而换位思考则可以使你观点中的主观性进一步淡化，令你在考虑他人的看法时，进一步全面认识自我观点，使其更容易被普遍接受。

（4）换位思考并非代表全盘接受他人的观点。当你利用自身智慧与常识发现对方的观点是错误的时候，你完全可以坦然告之，而当你站在对方的立场上考虑问题，并发现对方观点存在的合理性后，再通过对这些观点进行整合，则更有利于你获得全面的观点。当你不断地与他人进行观点交换时，你的观点会日趋成熟，日益具备客观性，别人也会更容易接受你的观点。

不固执，请别再与自己较劲

生活中，有这样一种性急的人：行为固执，情绪急躁，事事都爱与人计较，凡事都爱钻牛角尖，于是凡事都不能使他顺心，每天都生活在急躁、焦虑不安与愁苦之中。固执、凡事爱较真儿，其实是在与自己较劲。这样的急性者，其思维是单向的、封闭的、经验型的，他们不是和别人争论，就是和自己较劲，因而会让自己经常处于不良的情绪状态之中。

董辉是某高科技公司的销售总监，工作能力强，几年来，他带领手下做出了出色的业绩。但他却是个不受领导和下属欢迎的人，因为他个性固执，事事爱钻牛角尖，也爱在小事上与人计较。

有一次，董辉让助理为他处理一个市场调查的报表，因为时间仓促，助理不小心就把一个城市的销售额漏掉了。他发现后，丝毫不留情面，当着众同事的面对助理大发脾气，旁边的同事劝他消消气，而他却丝毫听不进去，助理也为此辞了职。

有时候，董辉还会钻领导的牛角尖，为了一点小问题与领导争得面红耳赤。他明白，所争的也不过是一些无伤大雅的小事，但就是控制不了自己。当然了，他自己对工作是极其认真的，几乎没出过什么差错，即便是一件极小的事情，他都会将之处理得十分完美。其实，他自己也不想在一些小事情上浪费时间，花费太多的精力。但是，他一看到那些事情做得不合他的心意，他就会心中不安，然后对人乱发脾气。尤其是最近，他自己也时常感觉自己的心中像压了块石头似的，每天都惴惴不安、心神不宁的，也不清楚自己怎么会莫名其妙地变成这样……

董辉的固执多源于他对完美的向往，在工作中，他根本忍不下任何不如意，一发现有不符合他心意的地方，定会不舒服，甚至动怒，哪怕是一件极小的、无关紧要的事。固执的人，除了有完美主义倾向，情绪也是极为固执的，认定的事情就认为它是不可动摇的了，对别人缺乏基本的信赖感，只要别人与他意见不合，便会对之产生敌意和怀疑，常因为一些小事与人闹得不开心。

固执对于人的身心健康都是十分不利的，要改变自己固执的个性，远离焦虑不安的情绪，就要学会自我调节：

（1）拒绝完美，善于取舍。要知道，如果你要将工作中所有的事情都做到尽善尽美，不仅会影响工作效率，而且还会消耗掉自己大量的精力，在这种情况下，就不可能将工作做完美了，尤其是对于那些重大的事情。要让工作达到真正的完美状态，就要善于取舍，将那些不必要的、不重要的事情放下，这样就可以把自己主要的精力放在一些重要的事情上，从而达到预定的目标。

（2）矫正自身的思维方式。要走出牛角尖，其实最主要的就是要改变自己不良的思维方式，要增强思维的灵活性，什么事物都不是铁板一块，一成不变。同时，在思考的时候，还要尽量地少用“必须”“只能”“唯一”“一定”这类反映绝对倾向的字眼，以防自己走入死胡同中。

（3）换个思路解决问题。人在一味追究原因的时候，往往会失去判断力，解决不了根本的问题。如果能换个角度去看问题，也许会收到不一样的效果。要知道，解决同一问题的方法是多种多样的，而且路线也不一定都是直线式的。有时候换一个角度观察问题，另辟蹊径考虑对策，有些难题就能够得到解决。

（4）多参加大型的公共活动。固执的人大多是思维方式不灵活的人，对此，可以抽空多参加一些大型的公共活动，开阔自己的思想和心胸，改变自己固执的行为。

应对大场面，克服紧张情绪有诀窍

急性子者，因为内在的定力不足，遇事很容易紧张，尤其是在大场合。从心理学的角度分析，急性子者之所以会在大场合紧张，多是因为“无知”，即对你所经历的一切不了解、不熟悉。所以，在应对陌生场面时，便会觉得浑身不自在，不敢与人大方、畅快地交流。

刘洁刚从学校毕业不久，社会经验很不足，每次参加公司组织的大型活动，便会紧张不已，一紧张，小动作便会多起来。捋头发、擦额头、扯衣角、眼睛左顾右盼……总之不知道手脚该安放到哪里。领导看到此便感叹：“这小刘，不堪大用啊，真不气派，上不了台面。”

这话传到刘洁耳朵里后，她总是沮丧难当：“都怪我不争气，一紧张，就给领导留下了不好的印象，以后前途肯定要受影响了。”

其实，生活中，很多人都会遇到诸如此类的问题，尤其是像刘洁这样初入社会的，应付一般的聚会活动还可以，但一到比较正式的大场合，便会莫名地紧张起来，做出一些不雅的行为，影响自身的形象。那么，在生活中，内在缺乏定力的急性者该如何克服这种紧张的情绪呢？

心理学认为，人的紧张情绪，是因为对既定面对的事情或环境不熟悉或者陌生而造成的无法适应或者融入的现象。为此，摆脱紧张情绪，最终极的办法，便是经常参加这种活动，随着经验的不断积累，你便会放松自己的神经了。当然，这是一个较漫长的过程，对于职场新人或经验不足的人来说，要找到最快速最有效的方法，可以从以下几点做起：

（1）平抚自己，动作要慢下来：如果你内心感到紧张，无论是讲话还是做事，都强迫自己慢下来。多数情况下，人在紧张时，语速会加快，行为动作也会随之加速，问题是，越是快，便越会出错。声音已经发颤了，嘴巴已经不由自主了，从而会不断地出错；手脚已经不由自主了，随之可能会打翻茶杯，溅湿衣裙。所以，这个时候，一定要尽量地让自己平静下来，克制自己说话的语速和行为，如此一来，你就会发现自己的声音没那么颤抖了，而且会越来越有信心，慢慢地就会让你从紧张的困境中摆脱出来。

（2）用小道具把紧张的情绪发泄出来：生活中，人经常会用钢笔或钥匙等这些小物件在手指上不停地缠绕，都是在发泄内心的紧张情绪。很多人在参加一些重要会议的时候，精神都是高度集中而且紧张的。这个时候，最害怕的就是无休止的静止，静止就意味着你的压力无处宣泄，只能积在心中。在你发言的时候，难免会爆发出来，影响你的个人形象。这个时候，你不妨通过手部的一些小动作，为自己的压力找到一个发泄口。当你内心忐忑不安时，你就可以借助钢笔或身上的首饰等道具，为自己的压力找个发泄的出口吧。

（3）尝试运用意象对话法。这个名字听起来比较抽象，实际上我们使用这种方法来缓解消极紧张的情绪，极为有用。具体做法就是在出现紧张的时候，你要对自己说一些劝慰的话。比如，当你在与大人物交流，紧张时，你就在内心不断告诉自己，谁都会紧张的，而且适度的紧张会提高我们的应对能力。生活中，那些善于调控自己情绪的人都能灵活地使用这种方法。

（4）利用幽默法也可以缓解紧张情绪。心理学家指出，幽默对消除紧张有神奇的效果，研究发现那些处于紧张状态下的人往往更容易发笑。实际上发笑就成了他们发泄紧张的一种方法。所以在紧张的时候，我们可以想一想平时听到的好笑的相声或笑话会比较有帮助。如果你平时就是一个有幽默感的人，你可以将其表现出来以达到缓解紧张的目的。

总之，紧张，也是因为你的青涩。每个人都有青涩之时，每个人一生都尝试过“紧张”的滋味。当你的心缩成了一团，不妨跟自己说说那个笑话“我叫不紧张”，呵呵一笑间，心，就会在瞬间放松不少。

焦虑时，先来个“自我安慰”

性子急的人，在遇到生活的变故或不顺心的事时，便会陷入无限的焦虑中。他们接纳不了人生任何的变化或不顺，比如因为工作疏忽被公司解雇，因一句无意的话被朋友误解，孩子成绩下滑……这些都会让他们陷入对未来或当下无限的焦急中。而这种焦急的状态不仅不会改变自己当下的现状，还会使自己受到极大的精神折磨，影响我们的生理及心理健康，让人生陷入一片沼泽地。要解除这种心理折磨，就要学会自我安慰。

大风刮起了风沙，漫天都是。一个人走在路上，看不清楚远方，唯能看到离自己几米的地方。他掏出火柴想点燃一支烟，就背着风划火，一边说道："点烟不过三，过三不点烟。"

但是三根火柴都划过了，刚划着就被大风吹灭，烟仍旧没点着。于是他便大声地说道："点烟不过七，过七不点烟!"就又试着划了四根火柴，但是风实在是太大了，烟仍旧没能点着，于是，他便轻声安慰自己说："管他三七二十一。"

点烟的人看似有些可笑，但却有十分积极的一面。因为他在尽力后，仍旧无力改变现实的时候，懂得自我安慰，让自己轻松很多。生活中，相信每个人都会遇到此类的小事，而且很容易被它所纠缠，甚至会使我们的精神处于崩溃的边缘。

心理学家认为，人的自我评价的好恶主要来自对自身价值的选择，当我们被消极的情绪所困扰的时候，我们可以试着改变原来的价值观，学着从价值相反的方向进行思考，你的心情马上就会发生良性的变化，这也是懂得自我安慰者的常用方式。对于急性子者来说，当烦恼来临的时候，与其在那里唉声叹气、惶惶不安，不如拿起心理调节的武器，从相反的角度去考虑问题，那么情况便会由阴转晴，你就能彻底地从烦恼中解脱出来了。

在沙漠边缘住着两户人家，家中的两位女主人都很能干。他们住的这个地方，有时候会经常刮暴风，暴风一吹就是几天几夜。风势很强劲，很猛烈，有时候，会将周围的房子掩埋。同时，暴风还十分的热，吹得人的头发似乎全部被烧焦了一般。所以，生活在沙漠周围的人都很烦恼。

但是，面对无法改变的事实，这两户人家的女主人却很少抱怨。暴风过后，她们会立刻展开行动，将家中所有的小羊羔都杀死，因为她们知道那些小羔羊反正是活不成了。而如果将小羊羔杀死，却可以挽救母羊。

在屠杀了小羊之后，她们就将羊群赶到南边的绿洲中去喝水。所有这些行动都是在冷静中完成的，对于家中的损失，她们没有任何的忧虑和抱怨。

其中一位妇人经常这样说：“就算我们损失了所有的一切，我们仍旧会感谢上帝，因为我们可以从头再来。”

那两位妇人在遇到灾难后，不愤怒、不生气，仍旧能保持积极乐观的心境，在于她们懂得自我安慰！

其实，生活中，每个人都要学会自我安慰来排解心灵的烦恼。人要尊重自然规律，面对社会现实。在无可奈何的情况下，要懂得放弃，顺势而为，懂得自我取乐，这是让自己避免痛苦、活得轻松的重要法宝。

俄国作家契诃夫这样写道：“要是火柴在你口袋里燃烧起来了，那你应该高兴，而且还要感谢上苍，多亏你的口袋不是火药库。要是你的手指扎了一根刺，那你应该高兴，挺好，多亏这根刺不是扎在眼睛里。”懂得自我安慰的人，很容易在失败或者困境中降低自己的挫折感。世界上那么多人，每个人在自己的世界中都是巨大的，可是在别人眼里通常又是微不足道的。每个人也许不能期许命运之神的特别眷顾，无法从外界得到救赎，起码我们可以自我安慰。请记住：当你痛苦时，却又没人注意的时候，一定不要忘记了，你还可以自己安慰自己。

学会用微笑去化解矛盾

有一次，苏格拉底在街上行走，有人用棍子打他的后背，痛得他无法站立而蹲下去，但是很快，他便又若无其事地站起来。目睹整个经过的旁人，看见他没有任何的反应，就好奇地问他：别人冒犯了你，你为什么不还手呢？苏格拉底只是微笑着回答：当一个发了兽性的驴踢你时，你还会反过头来踢它一脚吗？

苏格拉底面对他人的“挑衅”，表现出来的智慧和涵养着实让人佩服。生活中，与人相处，难免会遇到他人的冒犯或者挑衅，面对此，很多急性子者总会表现出盛气凌人的样子，只要自己不理亏便会不依不饶，非要与人争得面红耳赤，斗得两败俱伤。结果只是压低了你的高度，让你丧失涵养。真正的内心强大者，在面对他人的挑衅时，会入耳不入心，并以微笑回应。

关于此，苏轼在《留侯论》中曾说：“古之所谓豪杰之士者，必有过人之节。人情有所不能忍者，匹夫见辱，拔剑而起，挺身而斗，此不足为勇也。天下有大勇者，卒然临之而不惊，无故加之而不怒。”也就是说，内心真正强大的“勇士”，必然有一种“过人之节”，他们能够忍受像韩信那样的胯下之辱，而成就辅佐刘邦决胜千里、扫平天下那样的大业。他不会像急性子者那样为了逞一时之勇、图一时之快而毁了自己的前程。这是因为他的内心有一种在理性制约下的自信与淡定，这是因为他有着宽广的胸怀和高远的志向。

亚伯拉罕·林肯是美国第十六届总统，也是美国历史上最受人敬仰的总统之一。当时的美国社会很注重一个人的出身门第，政府内部的大部分议员都出身贵族，属于上流社会的人。这样的人有一种天生的优越感，总是瞧不起那些出身卑微的人。

林肯竞选总统前夕，有一次，他在参议院发表演讲时，遭到一个议员的羞辱。这位参议员盛气凌人地说道：“林肯先生，在你演讲之前，我希望你记住，你仅仅只是一个鞋匠的儿子。”这话刚说完，全场响起了一阵哄笑声。很显然，那位议员的目的就是要打击林肯的自尊心，让他自动退出竞选。

面对嘲笑，林肯则异常冷静，面带微笑对着那位议员说：“我十分感谢你使我想起了自己的父亲，我一定会永远记住你的忠告：我永远是鞋匠的儿子。我知道自己做总统永远无法像我父亲做鞋匠做得那么好。”

林肯接着面带微笑地对那个参议员说道：“据我所知，我父亲从前也为你家做过鞋子，如果不合脚，我可以帮你改进，我从小跟我父亲学过做鞋的技术。”

然后，他转身面带微笑地对所有的参议员大声说：“任何人都一样，如果你们穿的鞋是我父亲做的，如果你们需要修理或改进，我一定尽力帮忙。但是有一件事是肯定的，我无法像我父亲那么伟大，他做鞋子的手艺是无人能及的。”

这时，所有的嘲笑声全部化为赞叹的掌声，而那名议员的脸却是一阵红一阵白，很是难堪。

林肯用微笑化解了他的非难，而这微笑之后，是一颗宽容和善良的心，正因如此，他也赢得了众人的赞赏，让人坚信他能做出一番惊人的事业。在面对别人的羞辱、非议或诽谤的时候，心胸宽广的人不但可以稳如泰山，而且还可以理智地化解危难。俗话说："将军额上能跑马，宰相肚里能撑船。"要看一个人能够做出多大的事业，就要看他的胸襟有多辽阔。如果向大海中扔一个石头，大海依然波澜不惊；如果向一条小河扔一个石头，那么，它就会溅起许多水花。只有拥有宽阔心胸的人，才能容纳更多，才更能做出一番大事业。

带着微笑，宽容地面对非议，是一种修养，一种气度，一种高贵的品德，更是一种"四两拨千斤"的智慧。心胸阔大、志存高远的人，是不会为一时的得失或一时的名声去与他人明争暗斗的，在面对小人的羞辱时，只会觉得对方是可笑的。因为他阔大的心量和底蕴，足以将打击者扔过来的小石头淹没了。

内心强大时，你便再不会轻易急躁

白落梅曾说过这样一句话："许多人想行云流水过此一生，却总是风波四起，劲浪不止。平和之人，纵是经历沧海桑田也会安然无恙。敏感之人，遭遇一点风声也会千疮百孔。命运给每个人同等的安排，而选择如何经营自己的生活、酿造自己的情感，则在于自己的心性。”这句话道出一个真理：人多数的负面情绪，都源于自己不够强大的心性。当然，人内在的急躁从根本上讲，也是因为内心不够强大的缘故。

内心急躁之人，往往会因为别人的一个眼神或一句话就焦躁不安，往往因一点儿挫折便会陷入盲目、无助等不良情绪中，失去对自我的把握。而一个内心强大者，其内在是富有定力的，是平和、充实的，其情感是温暖的，他们的人生有大格局，所以不会在小事上纠缠和浪费精力与时间，也不会随意对人发脾气，更不会因为他人的言语或行为而焦虑和纠结。可以说，内心强大者，对自己与周围的人和世界都有极为强大的信念，这种信念足以让他坚持自我原则，与万事万物和谐地相处。

一天，老子经过一个村庄，村庄里突然跑出来一群人，想让他留下来。老子说：“谢谢你们过来找我，不过我已经与对面村庄的人约好了，他们正在等我，我现在必须赶过去。不过，等明天回来后我会有较为充裕的时间的，到时候如果你们还有什么事情找我，再一起过来行吗？”

那群人见状，口中便出污言秽语。老子依然不动声色地向前赶路。其中一个人说：“我们苦苦挽留，你却不应声。又将你贬得一无是处，你为何还是不动声色地我行我素呢？”

老子说：“假如你要的是我的反应的话，那你来得有点太晚了，你应该在我年轻的时候就过来的，那时候我可能会对你们的话有所反应。然而，这十年来，我已经不会再被人所控制，我已经不再是个奴隶了，我是我自己的主人。我是在根据自己的真实的内心做事，而不会随便跟随别人去做出什么反应。”

正所谓：铁牛不怕狮子吼。一个内心强大的人，首先是自己心态的主人。就像老子一样，不为外界的任何因素所困扰和左右，只依自己内心去主宰自己的行为。所以，他的世界是一片安宁的。在生活中，我们要活得快乐、宁静，就必须懂得控制自我的情绪，做自己心态的主人，不为外界的干扰所大喜、动怒、焦虑，始终保持一颗平常心，急躁、焦虑、愤怒等不良情绪便不会来打扰了。

情感作家张德芬说：“困难大家都有，痛苦每个人也都不缺，只要是人，这些都是无可避免的。但是内心强大的人可以不受苦。”可见，修炼强大的内心是祛除焦虑的根本良方。一个内心强大者，具有开放的意识与开放的心态，对于任何不同的声音，他都能够听得进去，然后会依自己的逻辑、常识、直觉、经验以及科学的方法去检验，所以他们对于他人的冒犯性的行为和话语不会轻易动怒，而是会理智且和谐地解决与他人的冲突和矛盾。

内心强大，才算是真正的强大。只有内心强大了，才能不被动、不失控、不受伤，才能在险恶的环境中笑得云淡风轻，才能无视各种羡慕嫉妒恨，做到不生气、不抱怨、不急躁。当然，要修炼一颗强大的内心，并不是件容易的事，生活中你需要从以下几点去努力：

（1）培养自信。自信是一种健康的心态，容易让人养成一种积极正面的情绪，在这种心态下，人们往往充满乐观和朝气，做起事来也更有劲头，能够提升工作效率和效果。工作效率得以提升，你便会心情愉悦。

（2）经常净化你的心灵。我们的脸一天不洗就会蒙上灰尘，心灵也是如此，只有经常净化一下，才能扫去其中的阴霾，让自己充满热情，积极乐观，用微笑面对人生。

（3）懂得放下。每个人每天都会经历很多事，有开心的，也有不开心的，但无论怎样，都别将这些事放在心上，懂得放下，放下心中的痛苦与压力，才能让自己轻装上阵，过好每一天。

（4）学会不在意。遇事别太往心里去，很多事情只要你在意了，你就彻底败了。其实事情的好与坏很多时候会被你的心态影响，你在意了心就会受伤。所以，要学会不在意，才能活得轻松快乐。

（5）要学会承受。生活中如果你遇事很在意，忘不了又放不下，那么就学着去承受吧。这个过程虽然很痛苦，但只要你咬紧牙关，挺过去，让岁月为你疗伤，随着时间的推移，你就会慢慢地恢复，过了这一关，你的心理承受能力就会提升，人也会慢慢变成熟，内心自然就强大起来了。

别为“分歧”耿耿于怀：学会接纳“不同”

从心理学角度分析，性子急的人常会与人发生分歧或争吵，是因为不能接纳“不同”。在他们的世界里，所有的一切都该按照他们的所思所想去“执行”，否则，他们就会耿耿于怀。对此，我们需要注意的是，因为人的阅历、学历的不同，其思维方式也是不同的，所以，在面对同一个问题的时候，产生不同的看法也是极为正常的事。如果你能理解这点，你的“急性子”便不会轻易在人前发作了。

肖林是广州一家贸易公司的业务经理，有一次他代表公司去另一家公司进行商业谈判，其间双方因为商品价格问题产生了很大的分歧。肖林当时十分生气，明明自己报的是市场价，而对方却认为肖林做人不地道，肖林也回了句：“做人地不地道不是由你说了算的！”这时，对方代表却突然站起来，直奔肖林面前，然后挥舞着愤怒的拳头，对他大发雷霆地说：“肖林，我们以前合作过多少次了，真能看出来你是一个无利不图的奸商！我有绝对的理由说你做人不地道！”肖林当时也怒火中烧，便顾不得许多，与对方恣意地谩骂了起来，双方还差一点动起手来。

最终，谈判没有往下进行，双方不欢而散。肖林当月因为没有完成领导的销售任务而被扣了奖金。后来，那个客户又打电话给肖林的领导，说肖林当众骂人之类的话。两个月后，肖林因为失去了一位大客户，给公司造成了一定的损失，就被降了职，心中极度的痛苦。

人与人之间，因立场不同，所站角度不同，发生分歧是极为正常的事情。如果肖林能极早接纳这种“分歧”，就不至于与人发生争吵，最终不仅丢了生意，还伤了和气。

关于处理分歧的方法，一位哲人这样说道：“与别人发生意见上的分歧，甚至造成言语上的冲突，所以你闷闷不乐，因为你觉得都是别人的恶意。对此，你别再耿耿于怀了，回家去擦地板吧。拿一块抹布，弯下腰，双膝着地，把你面前这块地板的每个角落来回地擦拭干净。然后，重新反省自己在那场冲突中所说的每一句话。现在，你发现自己其实也有不对的地方，是不是？接下来，你就会渐渐地心平气和了！”很多时候，我们与人发生摩擦时，必须要学会反思自省，因为这样可以让你谦逊，可以让你的心灵变得明净、光洁。

学会接纳人与人之间的不同，懂得宽容，是一种成熟，更是一种无须投资便能获得的“精神补品”。学会宽容不仅有益于身心健康，而且对赢得友谊、保持家庭和睦、婚姻美满，乃至事业的成功都是必要的。因此，在日常生活中，无论对子女、对配偶、对老人、对学生、对领导、对同事、对顾客、对病人……都要有一颗宽容的爱心。宽容，它往往折射出待人处世的经验和艺术。宽容不是软弱，而是良好涵养的无言表达。

第七章 爱要“温养”，不能“硬撞”：个性太急会让生活变成一场“浩劫”

在工作和生活中，急性子也是破坏爱情与婚姻的要素之一。试想，在婚姻中，一方办事总是风风火火，而另一方则会跟不上他的脚步，那么矛盾、争吵和埋怨便也容易产生。俗话说，爱情和婚姻是需要“温”养的。当然，这里所谓的“温”养，即是指运用柔和去化解矛盾的智慧，运用爱心去滋养心灵的方式。在夫妻间，你如果总运用“硬撞”的方式，让双方头破血流不说，还会让你们的感情亮起红灯。所以，对急性子者来说，要想爱情和婚姻永葆甜蜜，就要懂得控制你的情绪，收敛你过激的行为。否则，你的爱情慢慢地就会在伤害中变质，甚至还会让你遗憾终生。

别让急性子毁了你的爱情

有些人因为长期处于紧张的工作环境中，在不经意间便养成了火急火燎的性格。这种个性让他们经常会对那些有着拖拉行为作风的人嗤之以鼻。这也让他们与生活中那些行动缓慢的伴侣或朋友显得极不合拍，是诱发各种生活冲突、矛盾的主要原因，是让他们爱情或婚姻受挫的主要原因。

在一次朋友的生日派对上，张君和刘飞一见倾心，随后他们又在一家餐馆邂逅，两人都坠入爱河。张君青春靓丽，刘飞帅气英俊，两人是朋友圈里有名的“郎才女貌”的绝佳组合。在热恋期，两人似乎成了连体婴儿。双方都觉得找到了此生所爱，于是便去见家长，也得到了双方家长的祝福。

交往半年后，张君就从家里搬了出来，与刘飞在外合租了一间公寓，本以为共筑爱巢后，他们的感情会更加甜蜜，却没想到两人常因为习惯差异而争吵不断。张君个性比较急，而刘飞则是个慢性子，这让两人的生活显得极不合拍。

每次两人一起做家务，张君都是行动飞快且有序地进行，而刘飞则总是慢吞吞的，等张君把整个房间和客厅都收拾好后，发现刘飞还在洗手间为牙刷杯该摆在哪里而纠结。这让张君很是看不惯，经常对他大加指责。

他们的不合拍还表现在吵架时。张君性子急起来时，出口的话总让刘飞极受伤。刚开始的几个月，刘飞还能够忍受张君。在与她相处的过程中，刘飞也了解到，张君虽然是个急性子，但心眼却不坏。每次口无遮拦将自己伤一通后，过后就会找自己道歉，刘飞也就原谅她了。但后来，张君越来越过分，动不动就因为鸡毛蒜皮的小事生气，有时候甚至还会将刘飞的行李扔出门外，让他滚。这让刘飞忍无可忍。有时候，张君还会当着朋友的面，在餐桌上羞辱刘飞。终于有一天，刘飞向张君提出了分手，事后冷静下来的张君却不同意，她口口声声说自己是因为太冲动才说出了伤人的话。但是刘飞觉得自己真的累了，觉得自己的忍让、退步，并不能让张君的个性有丝毫的改变，最终还会把感情耗光。刘飞收拾好了行李，离开了公寓，彻底结束了这段感情。

生活中，急性子者最看不惯的就是别人的“磨蹭”，觉得浪费别人的时间就是对人的一种蔑视，尤其是爱情或婚姻中，他们总是会对伴侣的“慢腾腾”的行为大加指责，随即让家庭生活矛盾重重。另外，很多急性子者与另一半吵架，只是为了宣泄心中的愤怒情绪。他们常用这种激烈的方式来表达不满或向对方索取爱，从而获得安全感。从深层来分析，很多急性子者总是爱将负面的情绪向自己最熟悉的人发泄，就是为了获得某种心理平衡。但是，因为急性子者表达的方式太过直接，说话也过狠，很容易让感情生出裂痕。对此，如果我们能理性地控制自己的情绪，在争吵时多讲究一些策略，吵架非但不会演变成一场灾难，还会变成双方感情的润滑剂。

对此，你需要注意以下几点：

（1）吵架是两个人的事，所以争吵要注意场合，不要在大庭广众之下争吵，更不要在亲朋好友面前争吵，这样有利于顾及对方的颜面，也不至于让自己太难堪。吵架时切忌使用伤人的字眼，尽量降低自己声音的分贝，可以据理力争，但千万不能无理取闹，更不能对对方口出恶言。

(2) 对于急性子的人而言，最为重要的一点是在争吵时要顾及对方的心理感受，不能用犀利的言辞刻意丑化对方，也不能直接攻击对方的弱点，要学会见好就收，适时给对方一个台阶下。吵架时有两句话千万不能说，一句是“我们分手吧”，一句是“我们以后不要再见面了”。因为对方很有可能信以为真，一段美好的感情很有可能因为一句轻率的话而走向尽头。争吵过后，要想办法修复感情的裂痕，女方要谨记男方大多好面子，所以不能伤他情面，不要把他的耐心磨光，在对方提出和好请求又赔礼道歉后，不要再继续耍小脾气。男方要谨记的是，女孩是需要宠爱和哄的，吵完架后一定要把女友哄开心，切忌和对方冷战。

(3) 急性子的人对待恋人大多一往情深，但是多数缺乏幽默细胞，在吵架时如果能学会使用幽默的武器，火药味十足的争吵也有可能换来对方的会心一笑。比如对方火冒三丈地质问你为什么不肯接电话，你可以幽默地回答：“我当时正戴着耳机学外语，想弄清怎么用十八国语言表达对你的爱意。”两个人吵过之后，不妨用便笺纸画个卡通笑脸给对方，然后在下面备注一些幽默温馨的短语，让对方一扫心头的阴云，感受到爱情的暖意和你的诚意。

有多少爱可以重来：别轻易为爱下赌注

从心理学的角度分析，急性子者在爱情和婚姻方面屡屡受挫，是因为他们用情太过浓烈。相爱的时候用情极深，而与另一半之间稍微出现点不顺或摩擦，便开始赌气式地出口伤人或者干脆直接提分手或离婚。尤其是急性子的女性，在气头上时，经常为爱情或婚姻下赌注：这日子真的没法过了，这次一定要离开他；到大街上找谁都不会再回头找你了……其实，这也是用情太深的表现之一。但是急性子者要注意，人在气愤时，思维和行为都是欠理智的，这时候做出的决定有可能会让你遗恨终生。

要知道，人生是一张单行票，没有多少爱可以重来。我们在任何情况下，都不要轻易拿爱情做赌注，否则，你可能为此痛苦一生。

在外企工作的刘香香长相甜美，工作能力强，但就是感情不如意，这主要因为她的性子太急。今年32岁的她，经常会与老公因为鸡毛蒜皮的小事吵架。

一次，香香又因为晚上谁做饭的问题与老公吵了起来。原来，香香因为工作原因时常加班，晚归也是经常的事。所以，每天都是老公下了班主动买菜做饭。这天，因为老公临时有事，所以回家晚，没做饭。为此，香香晚上回到家大发雷霆，觉得老公不够体谅自己，老公也满心委屈，就与她吵了起来。

在气愤之余，香香说：“你觉得日子过不下去，那就离婚吧！”老公听了，不由得惊了一下，但为了挽回尊严，随口就答应了。

离婚后的日子，香香获得了自由，过得很潇洒，但不久，就觉得自己寂寞难耐。后来，她被家人安排了几次相亲，都未遇到自己满意的。为此，妈妈语重心长地跟她说，这个世界上所谓的爱情都是靠培养出来的，只要人家喜欢你，你又不十分讨厌他，就该试着去交往。

于是，恨嫁的刘香香真的去尝试了，开始频繁相亲，只要对方对她表示出喜欢，而且条件尚可，她就会尝试着与对方交往。

其中一个男孩，长得高大俊朗，在一家金融机构做高管，收入不菲，而且还聪明上进，学历工作都不错，最为重要的是对方很喜欢她，百般讨她欢心。于是，在明知道自己对他没有任何男女之间最基本的吸引力的情况下，香香还是试着和他交往了。其中原因，妈妈的教诲占了三成，自己的虚荣心占了七成。半年后，因为来自双方父母的压力，两人终于步入了婚姻殿堂。

可是婚后，香香发现了一个很重要的问题：自己从内心来说，根本就不爱他。随即，香香开始感到越来越后悔，她觉得自己内心最爱的人是前任老公，当初不该为了赌一口气，就愤然离开与一个根本不爱的男人在一起。因为不爱，所以他的很多生活小细节，比如吃饭时发出的声音，都让香香厌恶到无以复加。还未到半年，香香便果断提出了离婚的请求，双方都陷入痛苦之中。

又经历了一次短暂婚姻的香香终于明白，爱情是婚姻最基本的元素，如果男女之间连最起码的化学反应和异性间的相互吸引都没有的话，对方再爱自己，外在条件再好，再被人看好的婚姻，都将是一种痛苦的折磨。

爱是一种化学反应，是身、心合一，在这个世界上，真正能找到自己爱还爱自己的人确实不容易，所以，对于诸多急性子者来说，如果你找到了切勿轻言放弃，更别因为赌一时之气，而让幸福白白溜走，使自己遗恨终生。

当然了，在关键时刻，控制自己心直口快的毛病并不是件容易的事情。对此，你可以从以下几点出发：

（1）调动理智控制自己的冲动，使自己冷静下来。急性子者在冲动时，首要的就是提醒自己要克制。喷发的情绪来也匆匆，去也匆匆，只要想办法抑制片刻，就可以避免动拳头的冲动。一般可采取两种方法：一是忍耐。尽管冲动情绪像匹野马，但缰绳还是在自己手中。当你的另一半对你说了不中听的话，甚至羞辱性的话，你可以在心里默念“我不发火”“我不在意”等，也可以在心里默背诗词或文章等，这样能使消极情绪变弱；二是谦让。平时要养成谦让对方的习惯，这样使自己的内心有一种压制感，在关键时刻就不容易说出太过伤人的话来。

（2）用暗示、转移注意法。在两人争吵时，急性子的一方要学会及时转移情绪。大量事实证明，冲动情绪一旦爆发，很难对它进行调节控制，所以，必须在它尚未出现之前或刚出现还没升温时，立即采取措施转移注意力，避免它继续发展。比如，可尽力让自己想一些无关的事，干一些其他的活，脑子不闲，手脚不停，就能摆脱因发怒带来的思想负担。所谓眼不见、心不烦，说的就是这个意思。

（3）平时可进行一些有针对性的训练，培养自己的耐性。可以结合自己的业余兴趣、爱好，选择几项需要静心、细心和耐心的事情做做，如练字、绘画、制作精细的手工艺品等，不仅陶冶性情，还可丰富业余生活。

别为鸡毛蒜皮的小事对爱人发怒

一位哲学家说过这样一句话：很多时候，真正能消耗爱情的并不是什么惊天动地的大事，而是鸡毛蒜皮的生活小事。的确，在爱情或婚姻中，急性子者也最爱因为一些琐碎的小事而与另一方发生矛盾或者摩擦。比如，爱人是个慢性子，你总是对他慢吞吞的做事行为感到看不惯；对方不太注意卫生，爱整洁的你总是对他的邋遢行为气愤不已；你自己在单位累了一整天，对方却在家玩了一整天的游戏，看到凌乱不堪的家，你气不打一处来……其实，鸡毛蒜皮的小事每天都在生活中上演，对于急性子的你来说，若件件去计较或在乎它，那你将永远处于不开心或愤怒之中，甚至还会在无形之中将你们甜蜜的爱情消耗殆尽。所以，性子急的你，学会运用巧妙的方法去处理这些琐事，就显得极为重要。

王宇是个急性子，与老婆结婚三年来，总是爱为一点小事与她发生争吵。而老婆也是个暴脾气，两人真是麦芒对针尖，总在家里上演“战争”。后来，王宇发现两个人的感情不像原来那么好了，有时候他出差好几天，老婆都不会主动打电话关心他。他知道，两人如果再吵下去，很可能就会分道扬镳。

一天，王宇的老婆做错了事，被他奚落了一顿后，心里特别不高兴。饭吃了一半她就不吃了，噘着嘴在那里上网。王宇一看知道自己做得有一些过分了，就开始哄她吃饭。他说：“快吃饭吧，你看噘着嘴多难看。”并且把手里的镜子放在她面前。谁知她拿过镜子，一把摔得粉碎。这时，王宇心里也很不好受。有道是“破镜难重圆”，更何况，不能让她养成摔东西的习惯，否则，以后家都会被她给毁了。王宇扫了一眼家里柜子上的东西——他们俩的结婚照。他想摔，但又有些不忍心，当时的他还是特别理智的，于是便抓起个不锈钢饭盒狠狠地摔在了地上，“当”的一声，特别的过瘾。见老婆没多大的反应，王宇又把饭盒的盖子摔在了地上。然后气呼呼地说：“不是想摔东西吗？大家一起摔好了。”她还没有反应过来，只是在那儿默默地上网。王宇只好摔门而出。

到晚饭的时候，王宇回来了，地上全是玻璃碴，老婆还是在上网。他不想把关系搞得太僵，先示弱了。他开始慢慢地扫地，然后把东西全部收拾干净了，并用锤子把饭盒修好了。但王宇却一直都没有跟她说话。等晚上出去再回来时她已不在家了。但王宇并没有担心，最近她的好朋友从上海过来，她一定是找她去了。

这一去就三天没有回来，王宇有一些着急了，怕她觉得委屈而憋坏了身体，便开始给她打电话。电话响了很久她才接。他的口气不敢有丝毫的强硬，问她在哪里。挂了电话王宇赶紧去找她，说该吃饭了，都是自己不好。还说："请你到外面去吃，想吃啥吃啥！"这一招还真的非常管用，她起来梳了头并且换了衣服。

等吃完了饭，两人都特别高兴。王宇趁机说："老婆，咱们以后都不要摔东西了，好不好?""我摔的又不是值钱的东西！"她还是有点不服。

"等你有钱了，可能你觉得电视机都不值钱了，也就把它摔了。不在于东西本身值几个钱，关键是这个习惯不好。"老婆说不过他，所以就不再说话了。

之后几个月，老婆再没有摔过任何东西，好像也没跟他吵过架。她已改掉了乱摔东西的坏习惯。

可以想象：王宇和老婆因为一件小事而生了几天的气，最终以和解结束，这难道不是对自我的一种惩罚吗？所以，明智的人在生活琐事面前，一定要保持冷静，学会稳定自己的情绪，再运用理性的办法去解决，而不是一味地发泄情绪，让问题变严重。其实，夫妻两人如果遇到问题，一方能够静下心来稍微忍一下，认清自己所气的不过是一些无关紧要的小事，那所有的问题便都会迎刃而解。

在遇到冲突、矛盾和不顺心的事情时，我们切勿头脑发热，简单、粗暴地做出判断，一定要学会正确处理。一般情况下，可以依几个步骤去做：

首先明确冲突的主要原因是什么，双方分歧的关键在哪里；然后再进行冷静的分析，明确解决问题的方式可能有哪些；最后找出最好的解决方式。唯有这样，才能维持家庭的和睦，才能在遇到问题的时候获得爱人的理解和支持。

另外，自己一定要培养多方面的兴趣和爱好，这样既可以修身养性，也可以陶冶个人的情操。比如，闲的时候，你可以学绘画、练书法、养花、养鱼、集邮、下棋、跳舞、听音乐、打太极拳等。生活充满了色彩，就没时间去为一些鸡毛蒜皮的小事情生气了，生活也会更加顺心了。

给爱一点呼吸的空隙：抓得越紧，失去得就越快

有句话说得好，爱情就像握在手中的沙子，你抓得越紧，它便溜得越快！你拼命对一个人好，生怕做错一点事情对方就不喜欢你，这不是爱，而是取悦。分手后觉得更爱对方，没他就活不下去，这不是爱情而是不甘心，就像拼命努力工作的人，生怕别人会看不起你，这不是要强，而是恐惧。这些话正是在描述急性子者的内心弱点。

急性子者身上所呈现出的一切特点，比如心直口快、易冲动、急躁、做事缺乏定性等都是情绪太过外露的表现。在爱情中，他们的感情亦是外露的。当爱来的时候，他们对感情表达得更为直接、热烈。一旦爱上一个人，他们便会一心一意为其付出，哪怕倾其所有也在所不惜。所以，他们在爱情中极容易将伴侣抓得很紧，而这样做只会适得其反，使爱从他们手中溜得也

极快。

一个正处于恋爱时期的女孩子问母亲：“我们恋爱已经三年了，刚开始的我们很甜蜜，但是我怎么越来越觉得爱情变得沉重了呢？我该以怎样的态度对待爱情呢？”

母亲便轻轻地抓起地上的一把沙子，沙子全部都盛在她微微聚拢的手心里，一粒也没有掉下。然而，当母亲紧紧抓住沙子的时候，沙子则几乎全部从她的手心中掉落了，当母亲再次摊开手掌的时候，手心中的沙子已经所剩无几了。

这就告诉我们一个道理：爱情就像捧在手中的沙子一般，你不抓紧它，它就是圆圆满满的，不会撒落；你若抓紧，它便开始流失。爱情亦是如此，一旦抓紧它，就会使彼此无法呼吸，爱情就会变得扭曲，也就很容易失去对方。就像一首歌中所唱的那样，对待爱情要坚持“半糖主义”，爱来之不易，要留一点点空隙，彼此才能呼吸，这也是抓紧对方的关键。

生活中，我们经常会听到急性子者抱怨：我已经对他付出了全部，为什么还是得不到他的心；我为他放弃了一切，他为何还是移情别恋……许多人失去爱，并不是因为不够爱，而是因为爱得太浓，把对方抓得太紧。

凌薇与林枫在一起已经两年的时间了。凌薇承认自己的性格不好：遇事爱急躁，动不动就生气。这种个性让她显得与温顺的男友很不合拍，但正因为这种外露个性让她对这段感情付出了所有。当初她为了男友放弃了在老家考公务员的机会，因为她担心距离会将他们分开。

两年来，凌薇觉得自己已经对男友林枫付出了百分之百，但却觉得男友对自己越来越冷漠了。每天下午只要一下班，她便会第一时间到林枫单位门口等他，两人一同回到家中，凌薇还会主动下厨做他最喜欢吃的饭菜，星期天则会承担所有的家务。但这些付出丝毫不能打动对方，凌薇觉得男友离自己越来越远了。

对此，林枫也很委屈，经常对朋友这样抱怨：“我们不在一起的时候，想起她为我做的一切，确实让人很感动。但是只要我们在一起，我就觉得特别烦她，她总是唠叨个没完。不是我不知足，而是我只希望她给我一点点的空间。周末我很想和同事一起出去打打球、爬爬山，但是她非拉着我去逛商场；晚上下班回家，我只想去和几个好哥们儿喝点酒，可是她非要跟着我，一会儿又让我做这，一会儿又不让我动那，真是让人太压抑了！”

凌薇的闺蜜劝她要懂得给对方一点空间，这样才能让男友对她死心塌地，但是凌薇总觉得自己并没有做错什么，她觉得自己那样做，无非是想给对方多一点爱。

就这样，几个月后，林枫终于向她提出了分手，理由是：你给的爱确实太沉重了，令人无法呼吸，我实在是承受不起。面对如此沉重的打击，凌薇哭得很伤心，苦苦央求林枫不要离开她，最终，还骂林枫太忘恩负义，自己付出那么多，他却不懂得感恩……

凌薇因为把爱人抓得太紧，让爱变成了压力，压得林枫喘不过气来，最终让甜蜜变成了沉重的负担。如果凌薇听从闺蜜的劝告，多给林枫一些自由、一些空间，她自己就不必爱得那么辛苦，也不会让林枫逃离。

爱得太深切，抓得太紧，就会令彼此觉得疲惫不堪。很多急性子者之所以失去爱情，就是不明白，爱情固然是甜美的，但若为“自由故”，真爱亦可抛。所以，当你因爱而给予对方过多束缚的时候，就意味着你已经抢占了对方独立的“地盘”或“空间”，这时候，原本的“付出”也就变成了“索取”，最终让对方觉得你蛮不讲理，不可理喻，会让人远离你。要想让爱情甜蜜永远，就要学会从容爱，切勿拼命爱。请给对方一点独立的空间和隐私，让双方都能在爱情中享受自由，顺畅地呼吸。

“不动声色”是化解矛盾的良方

一对夫妻，男方是个急性子，而女方则是个好脾气。两人因为个性的差异，总是产生这样或那样的矛盾。男人在发怒时，女人总是不动声色，让着男人，任由男人埋怨、生气。这让男人总是对她心存感激，他们的婚姻也为此持续了70年之久。

在他们结婚70年纪念日，老头就问老太太说：“老婆子，你为什么每次吵架总是不动声色地让着我啊?”

老太太说：“因为你是我老公，不管怎么说，十年修得同船渡，百年修得共枕眠，就算我吵赢了，又能怎么样? 赢了道理，却输了感情，我可输不起啊!”

的确，婚姻中的争吵是没有赢家的，无论怎样争，最终输掉的都是感情。所以，对于婚姻中的急性子来说，当你在动气发脾气时，要懂得感恩、忍让你的伴侣，他（她）的“不动声色”的表现并不代表他（她）没道理或是不敢跟你吵，而是因为他（她）比你更懂得珍惜这段感情。

相爱容易，但是维系一段爱情或婚姻却是件极不容易的事。在爱情或婚姻出现“危机”或出现“岔路”时，急性子者往往沉不住气，尤其是女性，多会用冲动或非常极端的办法想去挽救婚姻，殊不知，这样只会把婚姻推向万劫不复的深渊。对此，合适的做法就是学会冷静，运用“不动声色”的方法去处理，这样反而能起到好的效果。

在婚姻中，急性子者总爱因为一点小事而与另一半发生矛盾，大动干戈。这样不仅会丧失自己的修养，还会招来他人的厌烦。而聪明的人，则会不动声色地将强悍、愤怒隐藏在优雅、活泼的表象之下，他们不用施展任何方法便可以让对方折服。可以说，不动声色是化解爱人之间矛盾的绝佳方法。所以，如果你是一个急性子，那就学着控制自己的脾气吧，遇到再不开心、再气愤的事，也不要使性子，做出过激的行为，而是先让自己冷静下来，然后找到合适的处理方法，如此才能让你的爱情或婚姻永葆甜蜜，让自己散发出恒久的魅力。

爱需要“软言细雨”的滋养

两个相爱的人，彼此的爱情是极为神圣而美丽的。如果说他们的爱情是一盘菜，那么，甜言蜜语就是菜上的五颜六色，爱人们看到各色各样的菜肴就会觉得吸引人，可以增强彼此间的甜蜜度。所以，聪明的人在爱情中会时时说一些甜言蜜语，作为爱的黏合剂，让爱情之花永不凋谢。而急性子者则不然，他们对爱人表达爱也是直来直去，在爱情和婚姻中，更不懂得对爱人说一些甜言蜜语，觉得那样是在自降身段，向爱人乞求爱的表现，是极丢人的事。其实，这种认识是错误的。在爱情中，有的时候，甜言蜜语是化解爱人间矛盾、争吵的良方，正如一位哲人所说，如果说爱情是人间最为娇艳的花朵，那么绵绵的情话就是培育这朵爱情之花的肥沃土壤。所以，性子急的你，也要适时地放下你所谓的架子，学会说一些甜蜜的情话。

张茹是一所重点高中的优秀数学老师，28 岁的时候，与在政府工作的男友结了婚。

张茹婚后的生活过得不咸不淡，她和老公都算是知识分子，再加上她的性子比较急，习惯于用争论来解决两人的分歧。所以，他们常会因为一些鸡毛蒜皮的小事而在家中上演摔盘子摔碗的家庭闹剧。张茹总觉得自己的生活缺了点什么，觉得再这样经常吵下去，两人最终不会有什么好结局。

一天在午休时，张茹就与办公室里的刘老师聊了起来。刘老师听了张茹的诉苦，笑道："你哪儿都好，就是性子太急了，个性也太倔强了，凡事绝不回头。这本也不能算毛病，可对老公也总是一副丁是丁、卯是卯的严肃面孔，时间久了，也要防止他'审美疲劳'啊！"

这席话提醒了张茹，她在思考：是不是自己在家庭生活中的表现出了问题。

一天，因为张茹把家里决定要买股票的钱投了一份保险，老公和她发生了争执。依着张茹以前的个性，她肯定会强硬地坚持自己的看法，有理有据地跟老公讲道理。但这次她一反常态，搂着老公的脖子说：“我都签了单子了，你就别生气了嘛！下次听你的好不好？”这也避免了一场眼看着就要暴发的家庭纷争。

再理智的夫妻之间也需要软言细雨的滋养。就像张茹一样，在与老公发生矛盾时，按以前急躁的方法去处理，一场家庭大战就在所难免了。可她却改变了“策略”，爱情的小浪花顿时便被激起，两人的矛盾在瞬间化解。爱情中，一方的撒娇和软话变成了对对方百般恩爱的释放，对方会在此时领悟到被爱的自我价值而获得高度的心理满足，从而使爱人间的亲密升华到一个更高的层次。

适时的“软话”是消除夫妻隔阂、增进了解、增添生活情趣的绝妙方法。尤其是在夫妻间那些小小的纷争面前，一方服软，绝对可以使大事化小、小事化了。

当然了，向爱人说“软话”并不是蛮不讲理的一种表现，而是用以柔克刚的技巧把自己的优势掩盖，让爱人把你当成他（她）生命中最柔软的一部分，好好爱惜，心甘情愿地好好待你。要知道，几乎没有爱人可以抗拒另一半的低头、服软和撒娇，不管你的年龄有多大，有时候任性或者“赖皮”一下，可以增加感情的“蜜”度。

情人之间，为什么要经常来一些甜言蜜语呢？首先对男人来说，喜欢温柔浪漫，爱听甜言蜜语是女性的天性，所以就要学会满足她们的这些情感需要。其次是对于女人来说，即使是铁血男儿也有自己的侠骨柔肠，同样非常享受甜言蜜语的滋味。

有些话很伤人，不要经常挂在嘴边

一位心理学家说过这样一句话：想杀死一个人，不必用刀子、器具，只需要日日去挑他的错处便可。人，永远是需要认同感的，如果没有了认同感，就没有了向上的动力。人永远最关心的是那些能给他带来心理满足感的人。这给急性子者以这样的启示：无论是与人交往时，还是在婚姻中，不要总带着挑剔的眼光去与一个人相处，同时在与人交流的时候，不要凭一时的意气去打压一个人，尤其不要这样去对待你的伴侣。

正所谓，良言一句三冬暖，恶语伤人六月寒。在婚恋中，很多急性子者总爱在语言上逞一时之快去说一些伤人的话，比如当众羞辱或敌视对方，在生活中总爱做出一些拆台的事情，这样很容易使你的爱情和婚姻受挫。所以，对于急性子者来说，要时时注意自己的嘴巴，要记住有些伤人的话永远不要对你的伴侣说。

(1) 讽刺、挑剔的话。很多急性子者总爱对爱人给予否定和讽刺，主要是为了激发其上进心，希望在自己讽刺和挑剔之后对方能有所改变。但事实却证明，这种方式不仅是徒劳无功的，同时还会增添爱人对你的厌恶和反感，长此以往，他（她）会立即想与你结束婚姻生活。所以，从一定程度上讲，你若总带着嘲讽的语气去否定你的爱人，那必是在毁掉你的“幸福”。

25 岁的刘青，刚刚在竞争激烈的广告界找到一份文案策划的

工作，之前接二连三的失业，让他急需妻子的爱心和鼓励来保持他继续奋斗的勇气。他的妻子张梅积极而又充满野心，但却总对自己的丈夫进行无休止的挑剔和冷嘲热讽：“你怎么那么笨，我在单位都连升二级，你才找到能养活自己的工作?”“就你那点薪水，拿什么来养这个家?”“当初我真是瞎了眼，嫁给你这个没出息的，这苦日子不知道什么时候是个头。”这种极具杀伤力的带刺的话语，极大地伤害了刘青的自尊心和自信心。在妻子不停的嘲笑和打击下，他对自己的未来已经丧失了信心。最后，他又一次失了业，他的妻子就和他离了婚。但是离婚以后，他便自己鼓足勇气，又把失去的信心重新找了回来，现在的他已经是一家大型广告公司的策划总监了。

有人说，爱人的嘴巴决定另一半的一生。的确，一个性子急却不懂得控制自己，说话经常带“刺”，语气中含着冷嘲热讽的人，无论他（她）的伴侣有着多么强的实力和多么庞大的事业，都会被之摧毁。也正如卡耐基所说，这个世界上很少有不吵架的夫妻，但是只要人心理健康，就不会因为争执而使双方的感情产生裂缝。如果一个人每天回家后面对的是带“刺”的讽言冷语，无论他（她）的事业有多么伟大，他（她）一定会从事业的巅峰滑下来。毋庸置疑，带有讽刺性的否定的话，可以摧毁任何上进心和自信心。

(2) 盲目地与他人比较，比如常对爱人说：“你看看人家……”许多人总是爱拿自己的爱人与别人比较，比如夫妻间极有杀伤力的一句话莫过于“你看看人家……”许多急性子女性总是爱奚落自己的丈夫不如别人丈夫能赚钱，不如别人丈夫会浪漫，不如人家有本事，不如人家潇洒，不如人家会做家务……这种对丈夫无能的指责既可能是事业上的，也可能是生活中的，但这样的话会大大地刺伤男人的自尊心，会让男人丧失向上和奋发的动力。要知道，事业是男人生命的重要组成部分，一味地讽刺挖苦就可能将男人置于绝望的境地。久而久之，家庭的矛盾自然就会爆发。

张雷和小曼结婚才一年多，刚结婚时，张雷感觉很是幸福，妻子小曼温柔又体贴，自己的事业也正在一步步往上升。可这样的情况在下半年的时候却发生了急剧的转变。他辛苦一天回到家里，总是看到小曼阴沉着脸，一边做饭，一边向他唠叨：楼下的张先生刚刚换了一辆小轿车；今天李太太说她丈夫升成了总经理；晓晨过生日的时候她丈夫送了她一条钻石项链……

刚开始张雷还能忍受，认为妻子只是发发牢骚。可是时间一长，小曼越来越喋喋不休。每天回到家都要忍受妻子的抱怨。张雷试着和妻子沟通，但最后小曼都会以“你真没用，当初怎么嫁给了你”而结束。结婚不到两年，他们的婚姻就亮起了红灯。

（3）当众批评、指责，不给爱人留面子。人人都爱面子，可是在生活中许多直性子者发起火来，都不会顾及对方的面子，在公众场合批评和指责爱人，让人大为恼火，最终引发不可调和的矛盾。

（4）总是喋喋不休地抱怨个没完。卡耐基说：在地狱中，魔鬼为了破坏爱情而发明的恶毒办法中，抱怨和唠叨是最厉害的了。它永远不会失败，总是具有破坏性，总是置人于死地。生活中，许多急性子者为了排遣内心的焦虑，总会在爱人面前喋喋不休地抱怨，让人烦不胜烦。要知道，每个人都不容易，没有人总能心甘情愿地当你情绪的“垃圾桶”，你若不停止抱怨，感情一定会亮红灯。

(5)“你真没用……”“找了你真是瞎了眼了!”这些伤及人自尊心和面子的话，会让爱人对你们的婚姻和爱情失去信心，久而久之，也会使你们的关系变得冷淡、疏远。

(6) 不必追问爱人的过去。

妻子：“说说你的初恋吧。”丈夫：“不就是你吗?”妻子：“不是隔壁班级的班花吗?”丈夫：“没有的事!”妻子：“她漂亮还是我漂亮?”丈夫：“你。”妻子：“我不相信。你就敷衍我吧！她不漂亮你能还留着她的照片?”

相信上面这段对话经常出现在生活中的夫妻当中，很多人在婚后总是有一种不安全感，不管出于什么目的，他们都喜欢追问爱人的过去，希望爱人在他们面前是透明的。但绝大多数时候，这样的追问都不会得到爱人的回答，甚至还会引起夫妻间不必要的纷争。

别轻易去触碰爱人的心理“底线”

急性子者的情感一般比较外露，会觉得与爱人在一起那么长时间了，应该无话不说才是。殊不知，人人都是有心理底线的，即便你的爱人看起来温柔体贴、善良可爱，可有些触及底线的话是不能讲的，否则就会使你的爱情亮红灯。

有一个真实的故事：

一对夫妻在一起生活，丈夫竟然十多年都没有对妻子说过一句话。两人闹成这样，就因为急性子的妻子在一次吵架中对着丈夫大喊了一句："你这个垃圾堆里长大的男人!"这句话出口后，便深深地刺伤了男人的自尊心，从此，原本深爱妻子的他不再和妻子说一句话。

十几年里，懂事的孩子和年迈的老人想了很多办法让他们和好，但都没有效果。妻子也为这句话后悔不迭，想想当年的争执也不是多大的事儿，要是冷静一些，也就不会说出那样刻薄的话了。

这件事听起来有些不可思议，但也充分说明：人的心理底线是不可触碰的，否则，一定会让你的爱情付出惨痛的代价。所以，急性子者千万不要以为你们在一起很多年，就是一家人了，你就可以在爱人面前肆无忌惮地想说什么就说什么。这样只会将你辛苦经营起来的感情毁于一旦。真正富有智慧的爱人，会明白爱人的哪些地方是不可触碰的，然后在说话时会格外注意，即便再性急，火气再大，也会管住自己不去触碰对方的一些"禁区"。

那么，生活中，急性子者说话应该注意哪几个问题呢，爱人最无法容忍的是什么呢？

(1) 无法容忍爱人批评自己的父母。父母是我们每个人永远的根和永远的牵挂。或许在你看来他（她）的父母有各种各样的不好，你有各种看不惯，但切记一定不要随便批评甚至侮辱他们。父母之恩大于天，聪明的人都知道，要维持一个美满和谐的家庭，就一定要维系好与他（她）父母的关系，而不是动不动就对其父母大加指责或批评。

（2）无法容忍爱人说自己的身体缺陷。无论男人或女人都想有一个好身形，但如果他（她）没有，那就别总揪着（她）他的这点缺陷说事了。要知道，身材不好的他（她）本身对此已经很自卑了，你说他（她）就等于拿刀子在戳他（她）的痛处。

（3）无法忍受爱人总质疑他（她）的能力。每个人都有自尊，人人都害怕自己辛苦努力或一腔热情后换来的却是爱人的一句“你又不行”，哪怕是疑问的语气“你会吗”。如果你的爱人在某方面受挫了，千万不要用嘲讽的语气评价他（她），那等于在他（她）的伤口上撒盐。失败了，每个人心里都不好受，作为爱人就不要再打击他（她）了。这个时候，他（她）需要的是你的鼓励，而不是你板着脸的教训和埋怨。与其批评和指责，不如对他（她）温柔一点儿，安慰他（她）“胜败乃兵家常事”，用鼓励让对方重整旗鼓，恢复自信。

（4）无法忍受爱人对自己指手画脚。在他（她）做事的时候，你好心从旁提醒，却发现他（她）根本不领情。其实每个人都非常不希望自己在努力时，爱人在一旁指手画脚，尤其是在外人面前。有的急性子在事情搞不好的时候，偏偏爱在一旁一边着急，一边瞎指挥，甚至还大包大揽，干脆一把抢过来：“我来吧!”日久天长，会打击爱人的自信心和自尊心，让他（她）越来越没自信。

（5）无法忍受爱人对自己说“这个啊，我已经试过了”。当他（她）满腔热情地带着你去试吃新开的西餐厅，去山上看流星雨，带你一起去看足球比赛，你要懂得尊重爱人的一片心意，不要扫兴地说："我早就试过了，一点新鲜感也没有。"这样会让对方感到失落，下一次可能再也不会带你做新鲜有趣的游戏了。

让批评变成一种意味深长的关爱

婚恋中，男女双方因为在不同的环境中成长，思想观念、对事物的看法自然是不同的。但是很多控制欲强的急性子者总是想方设法去规制爱人，并喜欢从自我的角度去判断对方的好坏。只要发现对方有悖于自己时，无论在思想上还是在行动上，都会先对其"狠批"一番，并且说起话来毫不留情面，更不会顾及对方的自尊和自信，使对方受伤极深。

很多时候，爱人之所以无法接纳你的批评，除了不能完全同意对方的观点外，还有一点就是拉不下面子来承认自己的错误。所以，生活中，就算性子再急，遇到再让你看不惯的事情，也不要直接去批评你的另一半。说话要学会将批评变成一种意味深长的关爱，能让爱人在感动之余改变自身的坏毛病。

刘盼与老公结婚一年多了，才发现他原来有那么多的毛病：回家从来不换鞋子，衣服袜子到处乱扔；在书房赶设计图，烟头扔得到处都是；看过的书绝不会主动放回书架子上……这些看上去是很多男人的坏习惯，但是作为业务经理的刘盼在累了一天后实在没有太多的精力去收拾，而且在她看来，这些都是可以改变的坏习惯。

起初，每天都要收拾到半夜才能睡觉的刘盼和所有女人一样会去批评老公，并会用强制的口气让他改掉那些烦人的坏毛病，可是她刚开口还没说几句，就遭到老公的反感，于是便与老公吵翻了。刘盼发现这个方法不仅不能让老公主动改变，反而还会影响感情，于是身心俱疲的刘盼只好另想办法。

这天，刘盼加完班回到家已经深夜12点了，发现家里和往常一样脏乱，看到老公窝在沙发里看书，这次她什么话都没有说。她为自己倒了一杯茶，一口气就喝了下去，说了句：“好累啊，都不想动了。”老公抬头说道：“累了吧，赶紧洗澡睡觉吧，房间明天再收拾吧！”听了这话，一向性急的刘盼心里直冒火：“怎么不说你来收拾？明天还不是我来做！”

可刘盼这次却将即将冒上来的火气压住了，而是用极度疲惫的语气说道：“老公，没关系，我收拾完再睡觉。要说辛苦，老公才当仁不让呢，没日没夜地赶着设计图，人都瘦了一大圈。都怪我没有照顾好老公，你赶紧去休息吧，等我做完这些再给你炖一锅鸡汤，慢慢熬，明天早上喝正好！”

“可是你已经很累了，明天再弄吧！”老公有些心疼了。“真的没事，我还扛得过去。”刘盼说完就开始有所行动了。接连几天，刘盼在老公面前总是忙得像个陀螺，还变着法地给老公做好吃的，说是让他补补身子。

看着刘盼日益憔悴的小脸，老公越来越心疼，在她的照顾下，自己明显胖了，可是明明和他吃着同样丰富营养饭菜的老婆却越来越瘦了。老公自责不已，他想到老婆每天都是在收拾自己制造的残局，所以才会那么累。从那以后，老公以前那些坏毛病渐渐没有了，自己用过的东西学会了善后，而且还经常帮助老婆做家务。现在的刘盼每天回到家看到的都是干干净净的画面。看着正在为她倒水的老公，刘盼欣慰地笑了。

面对爱人的诸多坏毛病，不同的做法便能收获不同的效果。生活中像刘盼这样性急的人，在辛苦一天回到家后，看到凌乱不堪的家一定会大加指责，把爱人批评得“体无完肤”才肯罢休，然后一边怒火中烧，一边收拾房子，偶尔抬起头，看到的还是对方阴沉的脸。显然，靠发脾气去解决问题完全是行不通的，长此以往，夫妻间的感情也会因此生出诸多嫌隙来。而刘盼却懂得“转弯”，压住了心中的怒火，将批评变成了一种意味深长的关爱，那么她原本为之急躁的问题便也迎刃而解了。

事实就是如此，在夫妻或爱人之间，爱是需要“软磨”，而不是性急时候的“硬撞”。当你用软和的态度去处理问题时，对方也立即会谦和下来，并且会立即执行你的命令。而如果你严厉、激烈的时候，另一方也会用倔强来应对，不会轻易向你低头。

第八章 提升情商，改变生活方式：让“急性子”成为无根之萍

很多人性子急是因为大环境造成的，比如长期在快节奏的环境中生活，做事常被人催促，看到他人做事总是急匆匆，久而久之便养成了急性子。对此，要想从根本上改变自己性急的问题，就要一方面改变自己的生活方式，另一方面不断地提升自我情商，在急躁的时候，懂得及时疏导自己的急躁情绪，温养自己的个性。如此做，就是从根本上铲除滋养“急性子”的土壤，让急性子成为无根之萍，如果你能将改变生活方式和提升情趣结合起来，坚持一段时间，你将会发现一个全新的自己。

焦急本身不存在，是你应对事情的方式制造了焦急

一位妇人总是担心自己的老公会有外遇。当她去健身房时，旁边的熟人悄悄地对她说：“你要小心哦！最近我经常看到你老公在外面游荡，鬼鬼祟祟的十分可疑！”妇人一听就急了，赶快请了一个私家侦探跟踪他，想知道他到底在哪儿。第二天，妇人就打电话给侦探道：“我老公下午去了哪里？”

侦探道：“他下午到过一家时装店，一家女式皮鞋店……”

“他去那里干什么？”妇人迫不及待地问。

“他是去跟踪你的，夫人！”侦探这样答道。

这位妇人因为自己的疑心而置自己于担忧与紧张之中，看似有些可笑，却是现实生活中很多急性子者的真实写照。生活中，又有多少人的急躁不是由自己的内心凭空“造”出来的呢？我们总是觉得老公对自己不忠，觉得自己的孩子考不上好学校，有时候会看不惯朋友的言行，对周围人的不良行为愤怒不已……我们为之急躁的根源并不是事情本身，而是你的内心。也就是说，焦急本身是不存在的，事情本身也往往无关好坏，真正纠结的是人心。

也就是说，真正令人着急和焦躁的，并不是事情本身，而是你拒绝接纳、害怕恐惧某个“发生”。比如说，你不小心掉入一个山洞中，惊魂未定，却发现正有一只老虎对你虎视眈眈，于是

你充满焦虑、恐惧，你想抗拒，你想逃离，但却前进不能，后退亦不能。表面看起来，老虎就是令你着急、焦躁不安的原因，事实上，老虎只不过是你焦急的呈现形式而已，并不是焦急本身。你焦虑的本身是你面对这个事情“发生”的“恐惧、害怕、抗拒”。要知道，老虎本就在那里，它与你没任何关系，若你无法看清楚这个事实，便无法逃离焦急，因为焦虑、急躁等负面情绪都是你内心制造的。

仔细分析，你若想脱离焦虑、急躁等，需具备两个条件：

(1) 老虎不在那里。但你要知道，那个时刻，老虎本来就在那里，它是真实的存在，不会轻易改变。

(2) 你不在那里。但你怎么会在那里？因为某个发生，你在那里。然而，已经发生的事情，都不可能会改变，你根本无法完全地掌控。

于是，我们只剩下唯一可以摆脱焦急的办法，接纳当下所发生的事实，顺势而为，勇敢面对。所有消极情绪的出口都在当下，任何脱离当下应对痛苦的方式都无法使你化解急躁。也就是说，你若要化解急躁，那就将注意力全然专注于当下，当你全身心地要去解决问题时，所有的负面情绪便不复存在了。

玛丽是个标准的急性子，每当遇到什么事，便急得不行。一次，她接到公司安排给她的一项重要任务，为公司做一份宣传册。这份宣传册是要派发给那些与公司未来可能会合作的潜在客户的。玛丽知道，这份宣传册承载着很大的任务使命，很想将其做好，但又不知道从哪里着手，眼看快到了交差的时候，她每天急得像热锅上的蚂蚁一样，不知所措。玛丽十分清楚地知道，干着急并不能真正地解决难题。不过，感谢上帝，她还有一个八岁的儿子，他教给了玛丽解决焦虑的方法。一天下午，儿子呆坐在那里，突然对玛丽说：“妈，你能否给我做一条船？”

“我实在没兴趣，可这个小家伙很缠人，我只得依着他。”

造那条玩具船大约花费了玛丽三个小时，等做好时她才发现，这三个小时是她许多天来第一次感到放松的时刻。

这一发现让本来焦虑不已的玛丽如梦初醒，她几个月来第一次有精神去思考。她顿时明白，如果自己专注于工作，不只是去干着急，那所有的问题便也解决了。接下来，玛丽就立即打开电脑，捋清思路，开始先把公司之前的发展历程罗列了一下，然后开始插图，整整一个下午过去了，宣传册的框架已经有了。到晚上的时候，她开始给文字润色，然后再插图，最后打印成册，玛丽终于松了一口气，没想到曾让自己焦虑不堪的任务终于快要大功告成了。后面的工作如人所愿，进展得非常顺利。对此，玛丽深受启发：当为事情干着急时，不如沉下心来去专注于它，慢慢地，你的急躁情绪便会不见。时间一久，性急的个性也能从根本上得到改观。

你所有的急躁其实源于对“解决事情”的无能为力，而如果此时你能够专注于当下，将所有的精力用于解决问题上，急躁不安以及焦虑等负面情绪便不见踪影了。正如一位诗人所说：“攀岩的神秘就在于攀岩本身。你攀到岩顶时，虽然很高兴已大功告成，而实际上却盼望能继续往下攀爬，永不停歇。攀岩的最终目的就是攀岩，正如写诗的目的就是写作一样。你唯一征服的就是自己的内心……写作就是诗存在的理由。”其实，这也告诉我们，我们对每件事情做决定时，一定要全然专注于当下的时光，享受事件本身的过程，而不去过于计较所谓的结果，这样人也就没有那么多纠结和焦躁不安的心理了。

遇事不急，处事不躁

一个人若想成为生活中的强者，除了要拥有过硬的能力外，还需要拥有强大的应对生活的智慧。主要是因为，人类之所以能够成为这个世界上唯一的高等动物，是因为人拥有其他动物所不具有的智慧。正是这种智慧，支配着人类的行为，帮助人们获得了难以企及的成就。

生活亦是如此，它常常会给我们出各种各类的难题。要解决这些难题，最重要的就是要讲究方式和方法，并且要有条理和顺序。要做到这点，首先要做到的就是要时刻保持不急不躁、平和的心态。

许多急性子者在生活中，遇到一丁点儿的难题便表现得烦躁不安、急不可耐，在这样混乱的状态下，各种不好的情绪、事情便也随即诞生了。很多人可能认为，这是一种积极的心态，认为人只有在着急的状态下，才能快速地解决问题。但实际上，人只有在理智和清醒的状态下，其思维才是最清晰的，能力才是最强大的。因此，在生活中遇到任何困难，首先应该尽可能地让自己冷静下来，告诫自己，急躁无法解决任何问题，反而会让自己进退失据、手足无措。

“急躁”二字能够很好地描述一个人的内在情绪和状态。人在面对问题时之所以会急躁，原因有二：第一，就是觉得自己很快能够解决这个问题，这样就能够更快地从中获得回报，这其中有过度的自信，另外也有利益的驱动；第二，对解决这个问题缺乏自信，希望通过更快的行动来达到“勤能补拙”的目的，其中也有对这件事情的失败可能导致自身利益受损或者自身遭受伤害的恐惧感。

但如若你是个有智慧的人，就会明白这种心态只会弄巧成拙。在面对生活中的任何事情时，摒弃焦躁的心理，才能保持淡定、从容不迫，才能用清晰的理智去指挥行动，才能从根本上解决问题。

有一位商人，在外苦心经营多年，终于攒下了一大笔财富。于是准备结束半生的漂泊，告老还乡与妻儿团聚，置田购房，安度晚年。

当时的社会比较动荡，路上常有劫匪。商人身着一件旧布衣衫，一双平底布鞋，扮作一个风餐露宿的行路人。他把所有的钱都买了玉器，有道是黄金有价玉无价。还为此特制了一把油纸伞，将粗大的竹柄关节全部打通，把珠宝玉器全部放入其中。身藏万贯家私，却貌似贫寒之士，他就这样轻轻松松地上路了。

果然好计谋！行路多日，无人打扰。这天中午到了唐家寺，天下起小雨。他来到了一个小面馆，要了一碗香喷喷的面。吃饱之后，不觉倦意难挡，外面又下着小雨，他便双手撑腮，打了一个盹儿。

一阵清凉的风吹醒了商人，天已黑了。揉揉眼，猛然间却发现油纸伞不见了踪迹，一阵冷汗冒了出来——这把伞可是他的身家性命。

但商人不露声色，沉着冷静。仔细分析着有可能遭遇到的情况：他看到自己手里的小包袱完好无损，就大概能断定并没有人专门行窃。一定是有人只顾方便，顺手牵羊取走了自己的雨伞。

沉吟片刻，商人有了主意。他叫来掌柜的，说自己看中了这个小镇，请帮忙租个房子。

掌柜的帮他在交通要道上租了个小房子。商人说，自己也不会什么别的技能，只能修个伞。于是，一间极小的修伞店在路边打起了招牌。

他待人和气，心灵手巧，颇有人缘，人们都愿把伞拿到他那里去修理。谁也不知道这个小小的手艺人其实是腰缠万贯的富商，谁也不知道他每天谦和的笑脸背后掩藏着一颗紧张焦灼的心。他每时每刻都在等待着那把油纸伞的出现，经过他手的伞成千上万，却唯独没有他要的那一把。

一天，他接了一把破旧的伞，主人漫不经心地说：“一把破伞值不了几个钱，反倒要花不少钱去修，太费事就算了。”

言者无意，听者有心。一句不经意的话启发了商人：自己的那把油纸伞也恐怕破得不能再修了……于是，商人又想了一个好办法。

第二天，过往的行人看到一条新鲜的广告：油纸雨伞以旧换新。人们纷纷询问，得到肯定的答复后，消息立刻传开了。

不久，来了一个中年人，腋下夹着一把油纸伞，恰是商人魂牵梦萦的那把。

可此时商人仍然不动声色地收下了破雨伞，犀利的目光一扫，就查到伞柄处完好无损。

他转身在店里挑了一把最好的雨伞递给来者，然后徐徐关了店门。

打开伞柄，商人看到了他的全部玉器，他竟瘫坐在地上，半日无语。

第二天，修伞店很晚还没有开门。一打听，才知已是人去屋空。

商人悄悄地来到这里，又悄悄地走了。再以后，这个故事流传开来，当地人恍然大悟，纷纷赞叹着商人的沉着、冷静和睿智。

成就大事者，必须要具备在任何情况下都能沉着冷静、坦然面对的特质，就像苏东坡所说："天下有大勇者，卒然临之而不惊，无故加之而不怒。"否则只能自乱阵脚，甚至火上浇油。遇到突发情况，沉着应对可化险为夷；面对意外，冷静处理能够转危为安。很多时候，沉着、冷静的心态是解决问题、脱离险境、减小损失的最佳选择。

与成功相应的利益以及与失败相伴的损失或者伤害都是自然而然的，而且这完全取决于我们解决问题的表现。而这些表现，又与我们当时的心理状态有着极为密切的关系。因此，只要认真地领悟这些环节的关系，我们也许就能以更好的状态去面对生活。

此外，我们也应该尽可能地淡化自己的得失之心，将关注的焦点聚集在如何更好地用环境、行动去处理问题的方法上面。久而久之，就能养成不急不躁、从容应对生活的心态。可以说不急不躁是一种强大的个人能力，这种能力的形成需要我们真正领悟到生活真谛的智慧！

扔掉沉重的“面具”，别再与人争面子

急性子者爱发怒，是因为“太要面子”的缘故。与朋友因为一句话而争论不休，其实就是为了让众人承认自己是正确的；因为一点小事与爱人争吵，就是为了让对方臣服于自己；因为一点小事便与同事争论，是为了挽回自己的尊严……很多时候，急性子者与人争执，或者表现出的心直口快等，都是为了维护自己的自尊或尊严。他们为了维护表面的虚荣或尊严，常在众人面前表现出自己强大的一面，而最终却让自己陷入被动的地位。

孙皓在一家公司已经做了三年的普通职员，而他的一个朋友赵磊则成立了一家公司。为了庆祝一番，赵磊在酒店邀请了过去的一帮朋友欢聚一堂。朋友们玩得很高兴，都祝福赵磊生意节节攀高。这个时候，一向性急的孙皓一激动便夸下海口：“赵磊你放心，你的单子我给你包了。”

其实孙皓明白，自己根本没有那么大的能耐，可是为了面子，他还是毫不犹豫地说了出来。结果，这句话所有人都记住了，朋友们都夸孙皓够义气。一瞬间，孙皓感觉自己很了不起，

于是夸下了更多的海口，引得朋友们无不羡慕。

孙皓的话，让赵磊牢牢记在了心里。几天后，他去找孙皓做单子，而孙皓只不过是说说而已，并没有想着朋友会真的找他帮忙。这下孙皓慌了，因为他对做成那件事情根本没有什么把握。

可是孙皓意识到，如果这个时候拒绝，那么自己无疑丢了大面子。于是，他不得不帮赵磊忙活起来。一个星期过去了，孙皓一个合适的单子也没有给赵磊做成，但是赵磊也并没有不高兴，只是说：“看你说得那么胸有成竹，相信你能行的。现在看来，我还是找别人吧，你不要为难了。”

可是，为了保全面子，孙皓还是决定要给朋友看看自己的“能力”。不过，几次三番的失误，不仅让赵磊受到了连累，就连自己也花了不少冤枉钱。

正所谓“死要面子，活受罪”。孙皓正是因为“死要面子”，最终不仅让自己失了面子，而且还耗费了不必要的精力，真是自己找“罪”受。其实，与人交往，不应该互相攀比，表里不一，只说不做，为了面子而说出不诚实的话，做出不靠谱的事，这样只会伤人和气，让自己背上沉重的精神压力。

人与人之间应当是平等的，彼此间也只有坦诚相见，才能让友情或爱情成为一种支撑，成为一种快乐的享受。要面子其实并没有错，但是不要让面子成为自己的一种负累。认真做自己应该做的事情，不做勉强的事，因为勉强本身不仅委屈了自己，也委屈了别人，最有面子的人生就是真心实意过自我生活的人生。

有位世界级的小提琴家在指导别人演奏的过程中，很少说话。每当他的学生拉完一首曲子之后，他都不多说话，只是亲自将这首曲子再演奏一遍，让学生仔细地聆听，并从中学习一些拉琴技巧。

他在接收新学生时，都会事先让学生表演一首曲子，想摸清学生的底子，再给分等级进行教育。

这一天，他收到了一位新学生，琴声一起，在座的每个人都听得目瞪口呆，因为这位学生表演得相当好，出神入化的琴音有如天籁之音，比小提琴家自己表演得还要好。

学生表演后，所有的人都认为小提琴家为了顾全自己的面子，一定会对这个学生给予不好的评价，以显示自己的尊严。出乎意料的是，小提琴家照例拿着琴上前，这一次他却把琴放在肩上，久久没有动。最终，他又将琴从肩上拿了下来，并深深地吸了一口气，接着就满脸笑容地走下台去。这个举动令在场所有的人都感到诧异，没有人知道接下来会发生什么事情。

小提琴家只是缓缓地向大家解释道：“这个孩子的演奏实在太完美了，我恐怕没有资格去指导他！起码在这首曲子上，我的表演对他可能只会是一种误导。”

这时候，大家都明白了这位小提琴家的胸襟，台下也顿时响起一阵热烈的掌声，送给这位演奏得好的学生，更送给这位小提琴家。

小提琴家不顾及自己的面子，勇于接受学生更优于他的事实，在他身上也正体现出一种令人赞叹的大师风采。他不受盛名所累，也不被人们的目光所限制，更充分地体现出一种极为可贵的真实和谦逊。

我们每个人都渴望得到别人的认可，但是我们不能仅仅为此而给自己套上“面子”的枷锁，让自己负重前行，并承受内心的煎熬。放下面子是一种智慧选择。放下的是面子，舍弃的是心灵重负，得到的是更为真实和更为自由、快乐的人生。

偶尔将你的人生进行“格式化”

快节奏的生活是急性子个性养成的主要因素之一。的确，随着生活节奏的加快，我们每天都要面对太多的事情，有意料之中的，有意想不到的；有积极的、顺利的，也有消极的、不顺的。我们的心灵每天都在接受着巨大的考验，承受太多现实的东西，时间一久，整个人就会不自觉地跟着乱起来。难受的事情、不愉快的记忆，如灰尘一般积聚在心里，恰如房间堆满了杂物而变得杂乱无章，使人心烦意乱，焦躁难安。这个时候，我们就要学着换种生活方式，将自己的人生“格式化”，即主动放下原本的工作或者生活，去寻找另外一种新的生活，将心中的“垃圾”彻底清除干净，使自己得到解脱，以更好的精力和心态去面对当下的生活。

福斯特是美国哈佛大学的校长，她在北京大学访问之时，向大家讲述了一段自己的亲身经历：

“有一年，我在实验室里待了很久，因为一个研究课题中的细节搞得我心烦气躁，整个人都快崩溃了，我不知道如何让自己的工作继续下去。于是，几天后，我就向学校请了 3 个月的假，然后告诉我的家人，不要问我要去什么地方，因为自己也不清楚自己会到哪里。这样做是因为多年来，我厌倦了日复一日单调的工作，想做些自己想做的事情。”

“于是，我便只身一人去了美国南部的农村，趁着假期去尝试过另外一种全新的生活。在那里，我做着各种各样的工作，到农场去打工，给饭店刷盘子。和农民们一起在田地里做工时，我背着老板躲在角落里抽烟，或和工友偷懒聊天，这让我有一种前所未有的愉悦。”

最后，她还说到了一件有趣的事情：在她回家的途中，在一家餐厅找到一份刷盘子的工作，只干了 4 个小时，老板就把她叫了过来，给她结了账，并对她说：“可怜的老太太，你刷盘子刷得太慢了，你被解雇了。”于是，这个“可怜的老太太”重新回到哈佛，回到自己熟悉的工作环境后，却觉得以往再熟悉不过的东西都变得新鲜有趣起来，工作成为一种全新的享受。

最后，她说：“那 3 个月的经历，像一个淘气的孩子搞了一次恶作剧一样，新鲜而刺激。并且有了这次经历之后，一切在我眼里就如同儿童眼里的世界，一切都充满乐趣，也不自觉地清理了原来心中积攒多年的‘垃圾’。”

人的心理和身体一样，每天都会产生很多灰尘、垃圾，我们要学会及时清除，这不仅有益于心理健康，也为你的身体健康买了一道保险。情绪疾病有时候比心理疾病更可怕，因此我们在心情烦躁的时候，就要懂得给自己的生活更换一个新的频道，将自己的生活重新“格式化”，当你的生活重新“归零”后，你就能以全新的姿态充满激情地面对接下来的生活。

另外，在生活中，当你遇到工作压力或者不顺的事情，千万不要将它们积压在心底，要懂得给这些坏情绪找一个宣泄的出口，比如你可以找好朋友聊聊天，倾吐自己的怨气，可以听听音乐，到野外走走，以舒缓自己的负面情绪等。

放慢你的脚步，停下来等一等“心灵”

在忙乱的生活中，多数人可能都有类似于这样的感觉：不知从何时开始，我们变成了路上那个急匆匆的背影。似乎我们每天都很忙，忙得像一只一刻都不停止旋转的陀螺，步履匆匆，无暇侧目。没有时间与家人一起吃顿饭，没有时间与朋友聊天，忙工作、忙升职、忙孩子，来不及细品生活的滋味，来不及静品午后的时光。工作一天回到家后，内心还是会莫名地陷入一种不安的状态中，于是开始反思：为何不安呢？想了许久，都找不出确切的答案。这主要是因为我们总是苛求自己不停地忙碌，以至于使忙碌深深地同化到我们的心灵深处了。诸多的急性子就是在这样的环境下养成的。

一位专栏作家曾这样描述过一个普通上班族的一天：

早上7点钟，闹铃声响起。然后开始起床忙碌：洗漱，穿职业套装。然后开始吃早餐，随后随手抓起水杯和工作包，急急忙忙跳进汽车，接受每天被称为上班高峰时间的煎熬。

从上午9点到下午5点工作，工作中装得忙忙碌碌，极力掩饰错误，微笑着接受着来自各方面的工作压力。当“重组”或“裁员”的斧头落在别人头上时，自己长长地松了一口气。然后再扛起额外增加的工作，不断地看表。

下午5点后，坐进车里，行驶在回家的高速公路上。开始与家人或好友相处，吃饭，聊天，看电视。

10点钟开始睡觉，以防明天因迟到被罚当月奖金。

上述所描写的这种机械、无趣的生活离我们其实并不遥远，很多人都与上述这位上班族一样，置身于一件件做不完的琐事与想不到尽头的杂念中，整天都在忙忙碌碌，丝毫体验不到生活的任何乐趣。

就这样，我们每天都在重复着这样的忙碌生活，将内心的弦绷得紧紧的，生怕一停下来就被社会所淘汰。于是，我们慢慢地养成了急躁的个性，为了追求成效，对任何事情都失去了耐心。如果你的急性子是在快节奏的生活环境中养成的，那就要学会让自己慢下来，学会适时地放开内心紧绷着的弦。在忙碌之余，学会让自己清闲下来，这样就不至于使自己的身心处于麻木的状态了。

有一句说得很文艺的话：“请走慢一点，等一等灵魂。”说的是现代人的身体一直朝着一个方向不停地奔走，而灵魂却一直在不远处若即若离。不知不觉中，我们在生活中渐渐地背离了自己，说着言不由衷的话，做着并不顺心的事，被诸多的欲望追赶着脚步，没有幸福感，没有方向感，茫然而混沌。同时，这句话也是告诫现代人要停下忙碌的脚步，让灵魂跟上自己的节奏去体验生活的真滋味。比如，我们要时常停下忙碌的脚步给父母打打电话，多抽点时间回去陪陪他们，去感悟亲情的珍贵；我们要抽时间静坐下来听听朋友的絮叨，耐心地与他们聊聊天说说家常，去体味友情的真挚；我们要懂得与爱人分享生活的喜悦，认真地欣赏爱人今天的新衣服和新发型；我们要让自己停下来，静静享受阅读带给生命的欢悦与深刻；每天在上班的路上，适当地放慢你的脚步，看看路边开满鲜花的树，感受小桥流水的灵秀，仔细地品味种种生活细节带给我们的感动……让我们从现在开始，停下忙碌的脚步，认真仔细地去感受生活，感受细节，感受世间万物的美，那种“宠辱不惊，闲看庭前花开花落，去留无意，漫随天外云卷云舒”的气节和胸怀才是我们应该追求的真正的财富。

当然，要让自己慢下来，仔细体味生活的真滋味，可以采取以下的措施：

（1）对自己的时间进行合理的规划。每天除了工作外，一定要安排时间让自己合理地放松、旅行等，带着灵魂去赶路，带着心灵去体味生活，不妨试一下，你的生活一定会变成另外一番景象。

（2）别让忙碌锁住了我们的亲情、友情和爱情。随着年龄的增长，我们也逐渐地忽视了父母长辈的存在和意见，少了许多用爱聆听、用心畅谈的沟通和交流。同时，随着现代信息工具的发达，我们习惯于用短信、电子邮件复制转发一些格式化的祝福给亲爱的朋友，而少了许多贴心的问候和亲切的关怀。夫妻之间谈钱的时候要是多过谈情，这样的方式就等于锁住了通向温情、温暖、温馨的亲情、友情和爱情的心门！

许多人活得不开心，整天都焦躁不安，郁郁寡欢。这个时候，最应该做的就是打开自己紧锁的心门，畅快地与我们周围的亲人、朋友聊聊天，说些开心的事情，如此这样，你的焦虑、郁闷情绪就能得到缓解。

如果为了没有鞋而哭泣，看看那些没有脚的人

一些急性子者总是会莫名地为当下的境遇而烦躁不安：奋斗了几十年，仍旧一事无成；年龄大了，仍处于单身状态；在外漂泊十几年，仍然挣不到一间房子，过着居无定所不安定的日子……我们总是爱抱怨自己拥有的太少，总羡慕别人家财万贯、权力职位，却从来没想过，当你拼命仰着头希望得到更多的时候，低下头来却能发现比自己更不如意的人。其实，与其为自己的一无所成而急躁不安，不如低下头来想想自己拥有的，或者想想那些不如你的人，这样你的心理便能获得某种平衡和满足，也就会静下心来，踏实地去专注于自己当下的事业了。

人人都有欲望，越是得不到的东西越想要，对于自己现在所拥有的却视而不见。当我们为了工资还没有增加而急躁、埋怨、苦恼时，有些人还在为找一份糊口的工作而四处奔波；当我们还在为我们不能穿一双像样的鞋子而感到难过时，有些人却根本没有脚。所以不要总是抱怨上帝给你的太少。其实，相比很多人，你拥有的已经足够多。

海伦·凯勒说，生活中，很多时候我们在哭泣自己没有鞋子

穿的时候，抬头一看，发现周围有人没有脚。你所拥有的，可能正是别人所羡慕的。虽然没有大房子住，可是我们不用像乞丐一样露宿在外；虽然没有太多的财富，但我们却不会像非洲难民一样需要靠别人的救助才能充饥；没有美丽的身形，但我们却拥有健康的身体……只要你懂得珍惜，生活中处处有福气。

一个人幸不幸运，快不快乐，并不在于金钱、利益占有的多少，而在于一个人对待生活的态度。

人往往只会看到自己的不幸，感受自己的痛苦，但放眼看看自己周遭的一切，或许你会发现你其实是幸福的。知足者常乐。如果一个人懂得知足，他一定是安详或快乐的，相反，如果不懂知足，拥有越多越会感到不安，烦恼也会越多，唯有懂得知足，珍惜自己当下所拥有的，你才是最富有的。

很久很久以前，有一个非常富有的国王，全世界的金银珠宝他都唾手可得，可他一点都不觉得自己很富有，反而整天生活在惶惶不安的状态中。为此，他昭告天下寻找世界上最安心、最快乐的人。一年过去了，又一年过去了，一天一个大臣带来了一个风餐露宿的乞丐，他看起来几乎从来没有吃饱穿暖过，但脸上却始终挂着平静的微笑。国王诧异极了，问："你为什么如此快乐？"乞丐想了想，说："我也曾经为了自己没有鞋穿而感到沮丧，直到有一天我遇见了一个没有双脚的人，我才懂得自己是多么的幸福……"

国王愕然，从此他像变了一个人似的，积极乐观，勤于国政。

有位哲人说："在这个世界上，你是自己最好的朋友，你也是自己最大的敌人。”当你接受自己、热爱自己时，你的心里就充满了阳光；而当你排斥自己、讨厌自己时，你的心灵就会冰雪覆盖。你要知道，微不足道的一点烦恼也可以染黑你的整个生活。

现实生活中，有很多人总希望自己事事都能做到完美，人人都能赞许他。当这种想法不能实现时，他们就陷入不快乐或焦虑的境地，觉得自己是全世界最倒霉的人。也许你并不确切地了解自己幸运与否。其实，想想吧，我们还是很幸运的，我们有健康的身体，健全的人格，有爱着我们的亲人，还有可口的饭菜吃……只要肯用心去面对，用心去体会，我们当下拥有的，足以幸福一生了。

当你正在为“得不到”或拥有的“不够多”而焦虑时，那就从以下几点去调整自己的心态吧：

（1）当为自己当下的不如意感到焦虑不安时，扪心自问：我为何会焦虑不安？我当下的境遇真的是最差的吗？与过去的自己相比，是不是现状已经大大得到了改善？要知道，人不要总想着和别人比，因为人与人毕竟是有差距的，你如能摆正心态与之前的自己比较，就能找回自信来。

（2）全面地看待问题。当你看到别人成功而心生嫉妒或羡慕的时候，是不是应该想想别人在成功之前付出了多少，有多少的苦难和艰辛让他们流泪？当你看到别人成功的全过程时，你也许就不会心理不平衡了。

（3）你觉得境况不如意时，你要想到：自己也许是正在被别人所羡慕和嫉妒着。这样幸福和快乐就会回到你的身边了。

摆脱家庭的困扰，慢慢培养你的耐心

除了社会因素，家庭因素也是滋生急性子的“土壤”。比如在一个家庭中，父母天生冲动性子急，那么孩子做起事来会经常被父母催促、抱怨，甚至责骂等，久而久之，孩子的性子也会变得急躁起来。再比如，父母天生胆小怕事，一遇事便慌乱，或者在生活中一遇到挫折困难就耐不住性子去解决，只会通过大发雷霆去发泄，时间一久，孩子对任何事情也会失去耐性和理智。还有的父母对孩子要求过高，孩子一犯错误或受到挫折时，便立即责怪他的无能，长期下去，孩子便会变得敏感、自卑而急躁。对于这样的急性子，需要通过慢慢地改变自己的生活习惯去培养自己的耐心，重塑自己的个性。比如，你要有意离开自己生活的环境，学着让自己的生活慢下来；在遇到紧急事情时，不妨有意地放慢节奏，有计划有秩序地去完成，等等。

一个牧师在布道词里讲了这样一个故事：

上帝给我分派了一个任务，让我牵一只蜗牛出去散步。于是，我就照做了。在途中，我尽管走得很慢，蜗牛尽管已经在尽力地爬，可每次总是只能挪动那一点点距离。于是，我开始不停地催促它，吓唬它，责备它。蜗牛也只是用抱歉的眼光看着我，仿佛说自己已经尽力了。我恼怒了，就不停地拉它，扯它，甚至想踢它，蜗牛也只是受着伤，喘着气，卖力地往前爬。

我想：真是太奇怪了，为什么上帝要我牵一只蜗牛去散步呢？于是，我开始仰天望着上帝，天上一片安静。我想，反正上帝都不管它了，我还管它干什么，任由蜗牛慢慢往前爬吧，我想丢下它，独自往前赶路。我就放慢了脚步，想将它放下，静下心来……咦？忽然闻到了花香，原来这边有个花园，我感到微风吹来，原来此刻的风如此温柔……而我以前怎么都没有体会到呢？

我这才想起来，莫非我犯了错误了，原来是上帝叫蜗牛牵我来散步的……

习惯了在忙碌的状态中打拼的你，不妨也学着这位牧师，试着每天让自己静下心来去散散步，这有益于磨掉你性格中的急躁因素。

另外，要真正改变自己，我们也可以借助他人来监督自己。比如可以通过同学或朋友对你的一言一行进行有力的监督，从而帮助你改掉性子急躁的毛病。

在生活中，许多急性子者都有类似的经历：只要有任务或者有事情等着自己去做，就会马上动手去做，既不认真准备，又无周密计划。遇到烦琐的事情恨不得来个“快刀斩乱麻”，一下子就想把问题解决，问题一旦解决不了，又会产生挫败感，心神不宁。这时候，急性子者也时常听不进去别人的意见与建议，时常会对提意见或建议的人大发雷霆……自己的神经好像绷了根上紧的发条一样，仿佛永远无法平静下来！

这时你要告诉自己：我是可以平静下来的。你只需舒缓自己的情绪，只要心中静静地默念：好，好，慢一点，不必急，并努力让自己心平气和地坐下来，放松神经，不刻意去思考什么内容，尽量使自己的思维维持在一种似有似无、天马行空的感觉里，或者集中精力听一种声音，比如钟的嘀嗒声。等精神松弛下来后，再去想事情发生的场景、原因，通过理性的归纳和总结，找出更好的处事方式。

另外，在做事或完成某项工作、任务之前，要懂得提前去合理安排时间。任何事情在安排时间时都要留有余地，以免在遇到临时情况时使自己措手不及、焦躁不安。

同时，要相信耐心是可以培养的，不要对自己要求过高，也不要过分地苛求他人，理性而积极地认识自己，这样才能让自己做出正确的选择与判断。做事情时，一方面要有计划，另一方面计划又不可过于完备，要预留自由度。俗话说“计划赶不上变化”，一个真正周到而有耐心的人，要善于在坚持自己原则的前提下懂得灵活变通，这样才能让自己在平静的状态下，有条不紊地达成自己的目标。

将冷静和镇定变成一种习惯

要从根本上改变性子急的毛病，就要懂得学会将冷静与镇定变成一种习惯。很多时候，人在关键时刻能保持冷静和镇定是一种强大的技能，更是人生一种无形的财富。每个人的人生都不是一帆风顺的，都会遇到惊涛骇浪、乌云笼罩的时刻，这时焦虑、着急都于事无补，有时还会使事情变得更糟，而恰如其分的镇静则能够让你稳住阵脚，力挽狂澜。

一位大户人家请亲朋好友吃饭，大家都围着桌子坐着，一面吃喝，一面说笑，忽然女主人把女佣叫过来，低声吩咐了几句话，女佣听后脸色变白，急忙地跑了出去。

不一会儿，女佣便端了一碗热牛奶，匆匆地穿过客厅，把牛奶放在了阳台上。客人都觉得很奇怪，可女主人仍旧有说有笑。又过了一会儿，女佣赶紧把阳台上的门紧紧关闭，大声地吐了一口气。女主人说：“好了，现在大家都安全了。”

客人问女主人究竟是怎么一回事时，她说：“刚才我们桌子底下有条眼镜蛇，不过，我现在已经把它关在门外了。”

客人们吓了一跳。女主人说：“眼镜蛇来的时候，我不敢惊动它，也不敢告诉你们，只好假装没事儿。因为眼镜蛇最喜欢喝牛奶，所以我让人把一碗热牛奶放在阳台上。它一闻到牛奶味，就会跟上去。女佣看见眼镜蛇到阳台上去喝牛奶了，就马上把门关了起来。”

一位客人说道：“你为什么不喊我们帮忙呢?”她说：“我一喊，你们大家就会慌乱起来。大家一动，蛇受了惊，就会咬人，那大家就危险啦。”

如果当时女主人是个急性子，遇事无法镇定，看到蛇后只会慌乱地尖叫，那么大家都会在恐慌中手忙脚乱，最终的结局可想而知。一个急性子的人，遇事是极不镇定的，也很容易将慌乱、急躁传染给周围的人，那么，一遇到突发事件，就会将之酿成一场灾难，后果不堪设想。

每个人生活中都会有许多“关键时刻”，这时我们只有控制住自己的急躁情绪，尽可能地保持镇定，冷静地分析，才能选择有效的解决方式，并且将这种镇定的情绪传染给其他人，帮助自己或他人脱离困境。反之，遇事如果乱作一团，在紧要关头总是表现得焦急难耐，只会让镇定的人慌乱，慌乱的人更为紧张。所以，对于急性子的人来说，遇事要保持镇定，并将冷静和镇定养成一种习惯，就显得极为重要。

日本著名的佛教学者铃木大拙在其著作中曾讲过这样一个故事：

一个著名的茶师要到京城去办事，为了保证行路过程的安全，他就在腰上挎了一把剑，扮成了武士的样子。只是怕什么就来什么，在行途中他遇到了位浪人，并向茶师挑衅说："你也是武士，咱们比比剑吧！"茶师说："我不懂武功，我只是个茶师。"浪人说："你不是一个武士而穿武士的衣服，就是有辱我武人的尊严，你就该死在我的剑下！"

茶师一想，躲是躲不过去了，就说："你容我几个小时，等我把要办的事情做完，今天下午我们就在池塘边见。"浪人答应了。

这个茶师便直奔京城中最有名的大武馆，他看到武馆外面聚集着成群结队来学武的人，茶师直冲进去，对里面的大武师大喊说："求您教我一个最体面的死法吧！"

里面的一位大武师很吃惊，说："来我这里的人都是为了求生，你是第一个求死的，这是为何呢？"

茶师便把他与浪人相遇的情形复述了一遍，然后说："我只会泡茶，但是今天要跟人决斗了，我只想死得有尊严一点。"

大武师说："那好吧，你就为我泡一遍茶，然后我就告诉你办法。”

茶师很伤感，他说：“这可能是我在这个世界上最后一次泡茶了。”于是，他做得很用心，很从容地看着山泉水在小炉上烧开，然后将茶叶放进去，洗茶、滤茶，再一点点地将茶水倒出来，捧给大武师。

大武师一直看着这个泡茶的全过程，他品了一口说：“这是我有生以来喝过的最好喝的茶了，我可以告诉你，你不必死了。”茶师说：“你要教给我什么吗?”

大武师说：“我不用教你，你只要记住用泡茶的心去面对那个浪人就可以了。”

这位茶师听罢便去赴约了。浪人已经在那儿等他，见到茶师，随即拔出剑来，说：“你既然来了，那我们开始比武吧!”

茶师一直想着大武师所说的话，就以泡茶的心面对这个浪人。

只见他笑着看定了对方，然后从容地将帽子取下来，端端正正地放在旁边；再解开宽松的外衣，一点点地叠好，压在帽子下面；又拿出绑带，把里面的衣服袖口扎紧；然后将裤腿扎紧……从头到脚不慌不忙地装束自己，一直气定神闲。

对面这个浪人越看越紧张，越看越恍惚，因为他猜不出对手的武功究竟有多深。对方的眼神和笑容让他越来越心虚。等到茶师全部装束得当，最后一个动作就是拔出剑来，将剑指向了半空，然后就停在了那里，因为他也不知道，再往下该怎么用了。

此时浪人扑通就给他跪下了，说：“求您饶命，你是这我辈子见过的武功最高的人。”

其实，什么样的武功使茶师取胜呢？就是心灵的勇敢，那种从容、笃定的气势。

故事中的茶师并不会武功，但是其心灵的勇敢，让他避免了一场人生灾难；而那位武功高强的浪人，在害怕和着急的一瞬间，内心已经开始投降，失败也就成了一种必然。

生活中的多数时候，人们在面对各方面的压力的时候，往往就会被焦虑和恐惧所控制了，接下来就会变得心神不宁、惶惶不安，临场发挥失误完全是情理之中的事。所以，要想人生保持一帆风顺，就要将冷静和镇定变成一种习惯。为此，你可以从以下几点去努力：

（1）学会自我控制。无论哪一类的突发事件，都会对人们的心理产生相当大的冲击与压力，使大部分人处在强烈的焦虑或者恐惧之中。要做到镇定首先要懂得去控制自己的情绪，保持沉着冷静、镇定自若，这样才有利于突发事件的及时解决。

（2）与镇定的人多接触。一个人习惯的养成总是受环境的影响，要让镇定成为你的习惯，就要多接触那些镇定的人，受到镇定情绪的感染，增强情绪自我镇定的能力。在不知不觉中，你镇定的习惯便会养成。

（3）多做一些准备。如果我们希望自己变得镇定一些，那么就要多多练习，我们可以多想想如果我们遇到危机事件的时候应该如何去做，有准备的时候总是会比没有准备的时候更有信心、更为镇定一些。看看身边遇事镇定自若的人，哪一个没有经历过风雨呢？哪一个不是历练深厚？我们缺乏如此深厚的经验就该多学多看，多做准备。

找到合理的宣泄方式：为你的急性子找一个出口

很多急性子者在精神压力大的情况下，最容易着急、上火、乱发脾气。所以，要找到缓解急性子的方法，就要学会在适当的时候通过自我宣泄和自我释放法，减轻你的精神压力。合理的自我宣泄和自我释放，可以减轻人的心理负担，消除怒火，也是成功控制自我急躁情绪的有效方法之一。也就是说，在生活中我们要学会用发泄法来为我们的心灵减压，那样，急躁就不会轻易找上你了。

赵杨因为压力大，经常会莫名其妙地与人发生争吵，即便是被朋友劝阻，也仍气愤难平，每次，这种糟糕的情况都会持续到第二天，最后会发泄到家里的亲人身上。久而久之，大家都不喜欢与赵杨共事，他的人缘也越来越差。

后来，大家发现赵杨变了，他脾气似乎没那么暴躁了，与人争吵之后也不再气愤难平，而且还能够快速地恢复平静。当人们问他原因的时候，赵杨说：“我能变得平静，全依靠《不生气》这篇顺口溜，每当怒火来袭时，我就会拿它出来默念。”

“人叫我气我不气，气急败坏惹人议。为了小事发脾气，回头想想又何必。暗生闷气有谁知，气出病来无人替。怒发冲冠更可惧，唯恐因气命归西。气为寿之绊脚石，心平气和病不欺。事事不能皆如意，难得糊涂要铭记。若遇苦闷烦心事，最好自我来调理。大事原则要坚持，小事适宜和稀泥。生活琐事由它去，有了矛盾冷处理。不贪荣华薄名利，知足常乐别攀比。心宽忍让好脾气，常含乐意莫生气。”原来，赵杨在生气的时候就默念自己改编的顺口溜，顿时觉得心里的不满全被发泄出来了，情绪也自然平静了。

现代社会，每个人都面临各种各样的压力，无论是来自家庭，还是工作、情感等，如果这些压力一直得不到正确的宣泄，就会形成沉重的心理负担，若心理负担得不到排解，那就很容易莫名其妙地对人发脾气。上述事例中的赵杨就是如此，糟糕的情绪已经严重地影响到他的工作和生活了，好在他及时地控制住了自己的情绪，使他的生活又回到了正常的轨道。

人对于压力的承受力是有限度的，就像一个人不能背着沉重的石头走路一样，这样不仅会减缓你前进的步伐，还会让你的情绪变得极其糟糕，动不动就与人争吵甚至与人大打出手。同时，一个人想要有所成就就要轻装上阵，在适当时候释放你的压力，发泄自己心中的抑郁，心灵就会变得轻盈，这样你才能在工作和生活中，以饱满的热情和快乐的心情去享受精彩的生活，拥抱幸福的人生。

要如何通过排解压力来缓解你的急性子呢？

（1）工作之后，释放心情。为了防止职业疲倦症状，应该及时宣泄如愤怒、恐惧、挫折等消极情绪，以得到心理上的发泄，舒缓压力和紧张。应该在工作之余，让心情得到释放，旅游、锻炼、娱乐都能够起到很好的作用。

其实，这些时间都是安排出来的。可是有的人总是不放心工作上的事情，不会调整自己，绷得过紧。学会放下，学会定时休息，学会有效地使用大脑，才是明智的选择。

如果感到压力太大时，不妨向家人或朋友倾诉，把心理的症结说出来，他们会给我们一个恳切的建议。

（2）喊出你的压力。喊叫法就是通过急促、强烈、粗犷、无拘无束的喊叫，将内心的积郁都发泄出来，从而平衡精神状态和心理状态。所以，找到一个合适的地方来喊叫可以帮助你释放压力。

如果你觉得自己不能适应喊叫这种方法，那么唱歌、朗诵、默念也是不错的办法。上述事例中的赵杨就是通过默念《不生气》歌来宣泄内心的不满和压力。况且你在一个空旷的地方发泄又不会影响他人。

（3）找到合适的“出气筒”。任何人都不希望成为别人的“出气筒”，所以，感觉压力大或者情绪不好时，不要随意找人发泄。你可以把你的不满、怨恨等全部都写到纸上，然后烧了它，让你的坏情绪也随火焰变成灰烬，不要记起它，接下来就会一切恢复如常。如果你觉得写出来不解气的话，可以找一个没人的地方，将你心中的不满大喊大叫出来等，这样你心中压抑的不快就会释放出来了，你自然也会变得轻松起来。

积极悦纳自我，克服社交恐惧

性子急的人内心都有一种潜在的自卑感，也正是这种自卑让他们在社交或公众场合沉不住气，慌乱不堪，自乱阵脚等，而这些都是社交恐惧的典型表现。所谓的社交恐惧是指一个人在公众场合不自觉产生的一种深度的焦虑的情景。受这种恐惧心理困扰的急性子者，总是担心自己的言语或行为会招致羞辱，害怕自己成为他人眼中的笑柄，有的人甚至对参加聚会或者人数众多的公共场所感到不适，表现为脸红、出汗、反应迟钝、动作笨拙、表情尴尬不自然等。这类人害怕与人近距离接触，尤其回避与别人交谈，有意避开引发自己焦虑的社交场景，甚至杜绝一切社交活动，长期躲在一个人的城堡里，过着“躲进小楼成一统，管他春夏与秋冬”的“隐士”生活。

米兰达是个急性子，遇事沉不住气，严重地缺乏自信，尤其与人相处完全没有信心。在舞会上，她没有勇气面对别人的目光，也不愿意和他人分享自己的感受，刻意避免与任何人往来。公共场合让她感到分外不自在，每当工作整整一个上午，将要步入员工餐厅时，她就感到莫名紧张。入座后，她也是只顾低头吃饭，对同事完全不予理会，如果有人试图与她交谈，她便会感到慌乱、着急，然后简短地回答是或者不是，表现出本能的抗拒。同事自感无趣，也就不再叨扰她了。久而久之，她变得越来越自闭。由于在公司里不受欢迎，工作表现也平平，公司利润缩水，裁员时上司首先想到了她。

失去工作后米兰达心里更加苦闷，由于交际能力太差，她连一个倒苦水的朋友都没有，除了一个人喝闷酒，她找不到其他排解情绪的方式。她时常痛恨自己怯懦的性格，习惯用冷漠来掩饰自己的慌乱，用拒绝来保护自己的自尊，用无尽的孤独来对抗交流带来的压力。她觉得自己是个孤单、可憎又可怜的人，就像荒原上失群的独狼，无助甚至绝望。看到别人谈笑风生、高朋满座，又有体面的好工作，她既羡慕又羞愧，对比无能的自己，无异于一个灰头土脸的失败者。她对自己的鄙视日益加深，对外界的刺激感觉越来越敏锐，后来发展到只要出现在公共场所，她的额头就会不停地冒汗，任何一个人和她讲话，她都会紧张得身体颤抖，还经常答非所问，引来无数惊异的目光。为了避免招致更多的质疑和嘲笑，她索性把自己关在家里足不出户，过起了囚徒一般的生活，并拒绝任何人前来拜访。

心理学家认为，社交恐惧一般都是由自卑引起的，表面上看它好像是对外界的极端排斥，实质是自己对自己的排斥。米兰达对外界的拒绝实际上是由她无法接纳自己，在潜意识里不断排斥自己造成的。这个时候，你需要做的就是树立自信，积极地悦纳自我。

刘伟是个急性子，还有严重的自卑感，这让平时风风火火的他在社交场合显得极为腼腆和呆板。因为不善与人交往，所以没有一个单位肯接纳他。无奈之余，他只好帮父亲在市场上卖菜。五年时间过去了，他的很多朋友、同学都在单位做出了成绩，有的甚至还做了企业家。每当遇到这些“显赫”的同学，刘伟总觉得自己低人三分，矮人一头，偶尔遇到这些同学来买菜，刘伟死活都不收钱，那些人也不敢再到他的摊位前买菜了。

一天，刘伟到朋友家赴宴，与几个陌生人同坐一席。席间，自卑的他一言未发。这时，一位叫高建的站起来向刘伟劝酒说：“能坐到一个桌子上，同碗吃饭，同盘夹菜，同盅喝酒，这是缘分，先喝为敬，大哥我先干了这一杯。”接着给刘伟端酒，刘伟平时很少喝酒，便有些推辞。高建有些不高兴地说：“如果我没记错的话，咱们这是第一次在一块儿进餐。这之前，咱们互不相识。我还不知道你的身份，你可能是个企业家，也可能是个职场精英，不过这些都不重要，这几十年来，你不曾给我提拔和帮助，我也没沾过你的一点光；我没向你借过一分钱，你也从没给过我一分钱的资助。但你一天一天过来了，我也一天一天过来了，你过得很好，我也过得不错啊。”

高建这番话说得太直率了，像锤子一样击打着刘伟的心灵。高建接着说：“也许今天一别再不会相聚。但我相信，今后的日子，咱们还要一天天地生活，你会生活得越来越好，我可能也不比你差。这杯酒，喝了，是你给我面子，不喝，是你给你自尊，我不会勉强你，也不能强求你，更不敢难为你。因为我们的人生，都一样是公平地站着的。”

高建的话，让刘伟感觉像浇了一盆冷水，一下子清醒了许多。他红着脸，将那杯酒接过来，真诚地说：“谢谢你！”然后喝下了平生的第一杯酒。

刘伟从此像变了一个人，不再沮丧、颓废，他开始学着与同学们交往，并在业余时间运用自己所学的知识帮助父亲扩大规模，发展大棚种菜。几年后，刘伟成了“大伟蔬菜供应公司”的总经理。

在一次老乡联谊会上，一些同学认为刘伟大学毕业回乡种菜没出息，有意怠慢和嘲讽刘伟，刘伟就不愠不火地将高建那番话讲给了大家听。最后他说：“我们之所以在别人面前显得卑微，是因为我们将自己的人生跪在了地上。”

的确，人与人之间是平等的，我们所在意的“差距”完全是你怯懦的个性滋生出来的产物。你只要能发挥自我的潜能和特长，积极地悦纳自我，就能克服这种心理落差带来的自卑感和恐惧感，然后从根本上摆脱见人便慌乱的境况。

第九章 提升对事情的把控能力，性子才能沉稳下来

急性子遇事着急、慌乱，多数情况下都源于对事情的把控能力差，因为对事情能否顺利进行没有底，所以只能是干着急。对此，要想使自己的性子变得沉稳，就要学着提升对事情的把控能力。试想，你对要做的事情极为熟练，或对所要发生的事情都了然于胸，那么也就不会慌乱和紧张了。

当然，要提升对事情的把控能力就是凡事在未开始执行前，提前做好计划或规划，并懂得及时调控自我情绪，不给急性子以任何“发酵”的机会。长期这样坚持下去，慢慢地性子也就沉稳下来了。

无法言说的“痛”：做事拖沓者多数是急性子

据英国一项报道指出，做事拖沓者多数是急性子。急性子与做事拖沓听起来似乎是矛盾的一对，但实验表明确是如此。

一位由多国研究人员组成的团队为了找出办事拖沓与急性子之间的关系，组织数名志愿者进行实验。实验中，学生志愿者在接受 200 英镑的奖学金时，被要求在立即领取支票和两周后领取支票之间做出选择。研究人员指出，急于当场领取支票的学生反而多倾向于迟迟不能兑换现金。为佐证这一结论，研究人员又让同一批学生去做两项有截止期限的调查。调查中的一项作为常规课程的组成部分必须完成，另一项目则自愿选做。结果发现，无论对哪一类调查，要求当场领取支票的学生往往会拖到临近截止期限才完成调查任务。

这个实验表明，急性子者无法提升办事效率，相反，还是拖延习惯养成的罪魁祸首。反过来，强有力的行动力和办事效率也是治愈急性子的良方，而犹豫、拖延则将不断地滋养急性子。也就是所谓的，越着急，越没效率；越没效率，越拖延，越着急。

《少有人走的路》的作者派克说：“人大部分的性急、恐惧都与拖延有关，我们常常会害怕和担心改变，其实都是因为自己太懒了，懒得去适应新的环境，懒得去学习新的知识，涉足新的领域，但如果总是这样的话如何能让自己成熟起来呢?”可见，拖延也是不断滋生急性子的主要原因之一。

舒克是纽约市一家证券公司的市场部经理，他曾经生动地讲述了拖延的心态：“这就像一个跳得很高的跳高运动员。你训练了几个月，在身体和精神上已经调整好了自己，一遍又一遍地尝试跳过横杆并打破纪录。然后，当你终于下决心开始跳了，新的担忧和恐惧马上袭来：如果我跳得比之前高了，别人会怎么做？他们会不会把横杆升高……当诸如此类的担忧越来越多时，拖延自然成了必要的第一选择。从拖延到恐慌，到痛苦，一直恶性循环。”

要克服这种慌乱、害怕和担忧，我们要做的就是在行动之前必须充分地酝酿，一旦下定决心，就应该果断地行动，当你越来越积极地行动，就越能够驱散内心的恐惧和慌乱。

玛丽是一个家庭主妇，她刚开了一家书店。作为一个拖家带口的人，在这个时候开一家书店，很多朋友都是不认同的。她的朋友们都认为这简直就是堪称疯狂的行动。也有人十分羡慕地表示，这也是她们的理想，但就是害怕越慌乱越做不好，就越没有行动。

当玛丽的丈夫威廉问她为什么这样做的时候，玛丽说：“首先，我承认我开书店是带着情怀和理想的成分，我本身是个急性子，开书店确实让我慌乱和焦虑了许久，但后来我就开始行动，做了十分详细的思考和运营策略。并且，在这之前，我也给自己设置了最好的结果和最坏的结果的场景，最好的结果是让这家书店的生意火爆起来，我作为商业领袖被人采访，享受属于我的荣光。最坏的结果就是亏钱，亏多少我也是早有预算控制。所以，当我发现了某个场地极好时，就在第一时间将书店开了起来。”

玛丽的行为是克服性急的良方，即做事之前就开始行动，做十分详细的运营策略，并做好成功和失败的打算。这也是对付拖延的最好办法。

但凡在某个领域做出重大成就的人都是货真价实的行动派，他们不屈从于惰性，无论做什么事情都雷厉风行，从来不给“慌乱、害怕”等负面情绪以滋生的时间。比如“高产”作家威尔斯成功的秘诀就是有了灵感立即记下来，绝不让自己思想的火花稍纵即逝，即便是深夜，只要大脑在电光石火的一瞬涌现出了灵感，他也不会因为想要睡觉而把将要诉诸笔端的工作拖到第二天，而是会马上起身打开电灯，拿起放在床头的笔，记录下灵感，然后才肯就寝。

伟大人物会因为及时行动而获益，普通人也会因为及时实践自己小小的想法而获得意想不到的收获。

保险业务员曼利·史威兹有两大爱好——钓鱼和打猎，他喜欢带着钓竿和猎枪走进森林深处，有时一连在森林里待上好几天，尽管又脏又累，可是回家后却感到无比快活。钓鱼和打猎占用了他很多时间，每次离开宿营的湖边，即将投身到保险业务工作时，他都感到无限眷恋，在大自然中自由畅游的感觉是多么美好啊，他真不愿意抽身出来。

突然他的脑海里闪现出一个想法，在荒野里宿营和打猎的人也需要买保险，他清楚有不少人喜欢在森林中探险，那是一个庞大的潜在市场，如果他能把握机会，完全可以边狩猎边工作。阿拉斯加公司的员工、居住在铁路沿线的猎人和矿工都能成为他未来的客户。

曼利·史威兹说做就做，制订好计划后，一点时间也不愿耽搁，立即启程前往阿拉斯加，还沿着铁路步行，广泛接触沿线居民。人们送给他“步行的曼利”的称号。曼利·史威兹深受那些潜在客户的欢迎，他经常到他们家里做客，与其建立起了友好的关系。一年以后，他签下了大量的保单，销售业绩一路猛涨，获得了不菲的收入。与此同时，他还能继续在森林里钓鱼和打猎，工作生活两不误，过上了人人羡慕的美好生活。

无论我们追求什么，总是要付出成本的，你若还未行动前内心便被“慌乱、性急、害怕”等情绪占据，迟迟不肯开始你的行动，只会颗粒无收。所以，做任何事情不要将希望寄托于虚无缥缈的明天，从今天起，从此刻起，只要下定了决心，就马上去行动，别让拖延成为滋生慌乱、恐惧心理的温床。

及时调控，不给急性子以任何“发酵”的机会

高情商者都对自己的情绪状况十分清楚，并且还能十分有效地调控和理顺自己的情绪，不让它胡乱发作来伤人。比如，什么状况下他会心急、生气，并懂得如何去驾驭这些情绪，从而也就从根本上避免了急躁、焦虑等负面情绪的“发酵”。

有研究表明，人的情绪在环境刺激的影响下，具有多度性与两极性。每一种情绪都具有不同的表现方式。而理智的人总是能够在不良情绪出现时及时地发现它，并保持心理的平衡，继而将不良情绪纳入合理的轨道。

情境喜剧《武林外传》中的吕秀才是个极其理智的人，他不但能够管理好自己的情绪，还能帮助他人及时调整情绪。吕秀才在爱上脾气暴躁、极易冲动的郭芙蓉后，便教了她一个办法克制

自己急脾气的暴发，那就是让郭芙蓉在发脾气时对自己说两句话："世界如此美妙，我却如此暴躁，这样不好，不好。"果然，郭芙蓉照着此法，很多时候都克制住了自己的冲动情绪。随即，这句话便成了这部电视剧经典的台词，在生活中也受到许多人的追捧和尝试。

其实，人在生气或冲动的时候默念这些话，的确能缓冲人的负面情绪的暴发。急性子之所以这么容易暴发，就在于一个"急"字，所谓"急事缓办"，极简单的两句话将这一"急"缓了下来，自然就抑制住了脾气。

一个强者，无论在何时都能掌控自己的情绪，这样的人才活出"自我"，才不会让自己的言行危害他人。他们时常会反思自己的行为和情绪，比如，他们会时常静下心来问自己："这件事情真的值得我表现得如此心急吗？我为何会为此事心急呢？与其心急，不如静下心来去解决的好。我说这些话是冲动所致吗？"等等，通过此法，便可以有效地遏制自己的急性子。

另外，急性子者之所以常常说冲动的话，做冲动的事，是因为他们从来不留心体察未知的自我。生活中，你身边人对你的态度中往往包含着他对你的指向，如果你能时时静下心来反思自己，便能发现自身的缺憾。最后，急性子者要想从根本上改变，还要懂得时时反省自我的行为，反思自己的言行将会给周围的人带来什么，以避免让自己的言行招致他人的反感。毕竟，我们为人处世的目的并不是中伤他人，而是更多地赢得别人的认同和好感，还能给自己带来诸多的快乐。当你了解自己对他人的影响后，就要开始着眼于如何修正自我，让自己变得更为完善，而不是体味自身的价值。

你若已接受最坏的，就再也不会为什么着急

我们很多时候为要做的事情感到焦虑、着急，是因为害怕失败，我们承受不起失败的后果。对此，要改变就要学会去自我调整，就要依卡耐基所说的："你若已经接受最坏的，就再也不会有什么损失。"当你为一事心急焦虑时，用最坏的打算去对待结果，比如你总为自己不确定的未来而忧心忡忡，慌乱不堪，那就想着未来最坏的结果无非就是维持现状而已，如此你就会心安了。很多时候，我们用最坏的打算去对待结果，结果只会比这个好，就不会再有什么令你害怕和慌乱的事情了。

只有预先接受了最坏的结果，你才能从容地面对一切，敢于去放手一搏，应对每一个不测事件，并且始终做到情绪平稳，这样的你才不会性急、焦虑，更不会失控。

其实，做最坏的打算并非一种消极的心态，而是一种应对恐惧和慌乱的最好的方法。当你做出了最坏的打算，为最坏的结果制订了防御或拯救方案，那么，你已经在一个"无论多么艰辛都不会死去"的背景中生存，那么一切可能的危险、机遇，都将遵从于这个核心。

如果做了最坏的打算，那么人就会克服内心的慌乱和害怕，会大胆地放手一搏。

艾米尔是加州人，现在是一家电子商务公司的老板，大众眼里的"成功人士"。还不到50岁的他已经拥有上百亿的资产，旗

下经营着几十家连锁电器超市、数码店，还有一家国际电子商务网站。

有人曾向他探寻成功秘诀，他自嘲地说："我成功的最大秘诀就是每天早晨出门前，都会告诉自己：你，今天可能失败，而且是非常惨重的失败，失去一切，你做好准备了吗？然后我会站在阳台上抽根烟，想象一下自己会怎么失败：破产？负债多少亿？还是为此家破人亡？这些情况万一发生了，我怎么办呢？我就设计各种拯救的办法，想想我有什么资源可以弥补损失，有什么方法可以东山再起。最后，我会带着满满的自信出门。"

这就是艾米尔成功的心理准备，由于他有充足的思想预案，因此在创业的过程中，无论遇到多大的困境，都能够镇定自若地解决各种问题，选择方向时，他充满自信，比别人多了几分淡定，也极少慌乱和焦虑了。

他曾对朋友笑着说："我 14 岁时卖鱼，高中还没毕业就开始做生意了，后来便跑到休斯敦做文化用品的销售，积累了第一桶金。在我 24 岁时，接了一个亿元的大单，结果失败了，生产无法继续，导致贷款危机。这是我挺过的第一道坎，因为我之前做好了准备，所以动用备用资金，把问题解决了。我还炒过楼花，炒过股票，都输得一塌糊涂，直到我进入了数码产品的市场，开始做电子商务，开电器超市，才找到了我这辈子的方向。但我仍然有这个准备：如果突然有一天，末日来了，我如何应对？"

怀着这种危机意识，时至今日，艾米尔的生意如火如荼。他从容淡定地面对未来，始终怀着一颗平和的心态，无畏任何突如其来的危机。

有句话说，人最害怕和能令自己处于慌乱之中的并不是要发生什么，而是不知道要发生什么。做最坏的打算就是对这种害怕做出的一种心理防守，也正如卡耐基所说："当你学会接受了最坏的结果，你才能把专注力放在当下不计结果地努力，这样得到的结果往往是最好的。"所以，当你因为害怕失败而着急焦虑迟迟不敢冒险前进时，那么先对你的行动作一次预测吧，做出最坏的打算，所有的心理障碍都能得以解开。

正确评估自己的能力，发挥自己所长

俗话说：没有金刚钻，别揽瓷器活儿。这只是在警示人们，做什么事都应该量力而行，否则，不但成功无望，还会费时费力，遭受失败的打击。生活中，很多人遇事性急，总想着急功近利，是因为总爱拿别人做参照，以那些成功人士的方式方法作为自己的行动方案。因为能力不足，所以做任何事情总想着立即能获得回报，久而久之，浮躁的个性便形成了。对此，要去除个性中的浮躁因素，就要懂得去审视自己，正确地评估自己的能力，并发挥所长，这样才能在现实中找到适合自己的人生发展方向，才能规划好自己的职业选择，才能收到事半功倍的效果。

生物学家达尔文在16岁时就被父亲送到爱丁堡大学学医，这期间，他每天唯一能做的就是读大量的枯燥的医学文献，然后再回去写报告。

对于达尔文来说，那是一段可怕的噩梦一般的时光，在这期间，他的脑海中经常盘旋着这样的意念：这不是我想要的，我要逃出去。几年的学医生涯，他并未获得任何成绩，而且还对医学产生了抵触感。其实，在学医期间，他就对自然历史产生了浓厚的兴趣，经常到野外去采集动物和植物的标本。

后来，他开始不断地反思自己，认识自己，他曾经十分谦虚而又自信地谈到自己的个性："热爱探索自然，善于观察又十分喜爱收集事实材料，而且对问题都会不倦地思索、锲而不舍。"同时，他又客观地评价了自己的才能："我的记忆范围很广泛，但是都比较模糊……在想象力方面也不很出众，也谈不上机智。所以我应该是个蹩脚的评论家。"在清醒地认识到自己之后，他决定去做自己喜欢的工作，那就是自然科学。后来，他有幸进入农学院，仍旧坚持自己的兴趣爱好。他的父亲曾认为他"游手好闲""不务正业"，一怒之下，在他 19 岁时，又送他到剑桥大学，改学神学，希望他将来成为一个"尊贵的牧师"。然而，在这期间，达尔文对自然历史的兴趣变得更为浓厚，完全放弃了对神学的学习。在剑桥期间，他结识了当时著名的植物学家亨斯洛和著名地质学家塞奇威克，并接受了植物学与地质学研究的科学训练。后来，经过不断努力，在历经了 5 年的环球航行之后，在自然科学方面为人类做出了划时代的巨大贡献！

只有真正地深入剖析和了解自己的个性之后，才能清楚地认识自己，找到与自身特长相对应的人生方向，才不会盲目地与他人攀比，人便也不会浮躁了。

著名散文家朱自清在年轻的时候喜欢写诗，但是，几乎没有写出好的作品来，对此他曾焦急万分，对未来感到一片茫然。后来，他开始深度地剖析自己：模糊而不清晰的内在情感，对外界事物不敏感，诗情枯竭，不自然，纯粹是从脑子中虚幻出来的。

后来，他因为改写散文而一举成名！

每个人都有独属于自己的独特优势，都有适合自己的工作、事业。有的人富有幻想，有的人比较有耐心，有的人则多灵气，有的人善于分析，有的人善于表演，不同的个性所适合的职业与事业是不尽相同的，只要你能够准确或者大致对应地找到符合自身性格的奋斗目标或者奋斗方向的时候，机遇就会或早或晚，或近或远地停留在这个方向的轨迹上面，成功自然会垂青于你。

人最大的失败在于不认识真正的自己，因为不明白自己的优劣势所在，更不能准确地找到适合自己的职位、发展方向，不能最大限度地发掘自身的潜力，最终只能在焦急中一无所成，一败涂地。

现实生活中，为什么很多人会性急，活得累呢？许多人都想得到答案，你可能也在内心发出过类似的呐喊！每个人都有压力，压力一方面源于生存向我们的索取，另一方面主要产生于自身。因为我们不能清晰地认识自己，总是在相当长的时间内在不适合自己的领域迷茫地重复那些枯燥而又无望的人生程序，多数人的苦恼都由此而起，难道不是吗？

我们总在缩小自己的幸运，扩大自己的不幸

我们对很多事情感到恐慌、心急，很大程度就是源于在主观地缩小自己的幸运，而扩大自己的不幸。比如，梦想受阻了，会立即感到自己的前途一片渺茫，随后便丧失了坚持的勇气；生活

遇到一点点的小挫折，便觉得天都要塌下来了，接下来便开始处处小心，再也不敢去冒险；受到一点点的批评，便觉得自己是全世界最委屈的人，随后只是墨守成规，再也不敢提建议……我们总是悲观地看待自己所遭遇的不幸，最终只会招致更大的不幸。

奥维斯和西德里同时毕业于加州大学经济系，并同时进了一家外贸公司做销售员。奥维斯是个积极的人，入职三个月后，就针对公司部门的实际职位构成，给自己做了极为详尽的职业发展规划。同时，在工作中也表现积极，遇到难搞的客户，总是会去耐心分析客户的个性特点，并整理有效的素材，想办法去说服。一年下来，奥维斯取得了“部门销售冠军”的良好业绩，被领导考虑为公司的支柱型人才。两年后，奥维斯正式擢升为销售部门经理的位置。随后，他又被一个客户挖走，到一家有实力的大公司做主要负责人，好运不断。

而西德里却不同，其生性悲观，对工作总是消极应付，上班时也提不起兴趣。遇到难题，他总是抱怨连连，怪自己倒霉。领导每次找他谈话，他总是抱怨说，工资少，环境差，任务重，压力大……或者是领导没有指示，不知道该怎么办，再者就是推卸责任，说这件事不归我管……总之，西德里遇事总是首先去怪别人，从不反思自己。就这样，不到半年时间，他就被公司辞退。接下来，又开始找工作，再换工作……不到三年时间，他换了五次工作，成就没有，却积聚了满腹的牢骚，逢人就抱怨。

奥维斯和西德里的经历，恰巧就说明了为什么“幸运的人总幸运，倒霉的人总倒霉”。前者遇到问题，总想着积极地去改变，缩小自己的不幸，扩大自己的幸运；而后者则恰恰相反，总是消极地去抱怨，不断为自己招来“不幸”。

一场海难的幸存者被冲到一个荒无人烟的孤岛。他不停地祈祷，希望有船只来搭救他，可是一个星期过去了，连船的影子都没看见。

面对巨大的生存压力，苦苦求救未果，不得已，他只好在岛上建一个简易的小木屋栖身，早晨到岛上的树林里找食物充饥。一天中午，正当他拿着找来的野果准备回到小屋时，却发现他的小木屋起火了，浓烟滚滚，所有辛劳化为乌有。可怜的他感叹上帝不公，不禁仰天长啸："老天啊，你为什么要这样对我？"

他沮丧地坐在沙滩上，一直到黄昏。在夕阳的余晖下，一艘轮船的轮廓越来越清晰了。这个人获救后，他好奇地问道："为什么你们会来救我？"他们回答说："因为我们看到了孤岛上的浓烟，知道这个岛上有人，并把它当成了求救的信号。"

遭遇坎坷的时候，我们容易感叹命运，容易怨天尤人，容易夸大不幸。烦躁、焦急、忧伤、绝望、窒息，甚至难以自拔，仿佛周围的一切都变了，美妙的音乐刺耳起来，七彩的颜色暗淡起来，快乐的日子痛苦起来。其实天空依然湛蓝，河水依然清澈，树林依然碧绿，只因心态一时难以适应，情绪糟了，感觉变了，观念扭曲了。

每个人都在缩小自己的幸运，而扩大自己的不幸。当一点点不幸来临时，我们都会忘了存在就是我们的幸运。

葡萄牙著名的航海家麦哲伦在发现新大陆前曾在海上经历过一次狂风暴雨。一名士兵因为第一次乘船出海，所以吓得不停地狂呼乱喊，大哭不止，让船上的人几乎都受不了，因为这让本不担心的人们开始感到恐惧。将军气恼地想下令把他关起来。

这时，麦哲伦身边的一位校官说："不要关他，让我来处理。

我想我可以使他马上安静下来。”校官随即命令水手将那位士兵绑起来，丢入海中。那个可怜的家伙一被丢下海，便手脚乱舞，狂呼救命。过了一会儿，校官才叫人把他拉上船来。回到船上后，倒也奇怪，刚才歇斯底里大叫不停的士兵，静静地待在船舱一角，半点声响也没有。

麦哲伦好奇地问这位校官何以会如此，校官回答说：“在情况转变得更加恶劣之前，人们很难体会自身所处的境况是那么幸运。”

生活如同天气，有阳光灿烂之日，也有阴雨密布之时。心愿与现实常常会发生冲突，期望的未必能够获得，能获得的却未必是所期望的，然而这就是生活。热爱生活的人，是不会抱怨不幸的，只会感谢不幸的发生和存在，因为经历过这样那样的不幸之后，人生才更能经得起大风大浪。

提升自我能力和技能，便不再会为什么而性急了

心理学上认为，性急本身就是一种不自信和能力低下的表现，古人常说，艺高人胆大，这话不无道理。无论做什么事，都必须事先做到心中有数，知己知彼，方能百战不殆。如果心里没有把握，当然就会性急。从这个角度上讲，加强自身的技能、提升自我对事情的把控能力对摆脱性子急的困扰显得十分重要。比如，领导让你写一篇报道，你文笔超好，对整个事情的来龙去脉了解得十分清楚，便能轻松地信手拈来，很快完成工作。而若你

能力不足，文笔不好，即使对整个事件了解很透彻，也会因为不知道从何下手而慌张、焦急。

当然了，若要提升自我技能，精通某项技能或能力，并非易事。首先必须要学会沉下心来，要能够承受住打击和折磨，忍受住忽视和平淡，否则，极难达到辉煌。尤其对于当下的年轻人来说，要想提升自我做事技能，就必须把自己当成一粒沙子，不断去忍受和磨炼才行。

很多人总是感慨：这么日复一日地重复最基本的传递文件、修改整理、打印等基础工作，本身就是个打杂的，什么本领也学不到，还谈什么发展呢，于是就频频跳槽，几年过去了仍旧一事无成，没能修炼出一种真本事来。要知道，正是这些基础、琐碎的工作，磨炼出了成大事者的真本事。

年轻的洛克菲勒，原本是一家石油公司的普通员工，他的工作极为普通而简单，甚至连小孩都能够胜任：在生产车间装满石油的桶罐通过传送带输送至旋转台上，焊接剂从上方自动地滴下，沿着盖子滴转一圈，作业就算结束，油罐下线入库。

洛克菲勒的工作就是注视这道工序，查看生产线上的石油罐盖是否自动焊接封好。从清晨到黄昏，他过目几百罐石油，每天如此。刚开始的时候，洛克菲勒也很想换一份工作，要知道，他的理想可是做一名著名的技术工程师，他才不愿意每天待在生产车间做这么简单无聊、默默无闻的工作。

不过，一种对公司的爱促使洛克菲勒静下心来，他知道自己只有做好手边的工作，才有可能做好其他更重要的工作，于是他每天都认认真真、全心全意地投入工作中，干得不亦乐乎。时间长了，他还发现罐子旋转一周，焊接剂共滴落 39 滴，焊接工作即告结束。洛克菲勒开始思考了：是否有什么可以改进的地方？如果能把焊接剂减少一两滴，是不是会节省生产成本呢？

说干便干，一番试验之后，洛克菲勒研制出一款37滴型焊接机，但是该机焊出来的石油罐偶尔会漏油，质量缺乏保障，公司没有肯定洛克菲勒。但洛克菲勒没有灰心，经过再一次的分析研究之后，他又研制出一款38滴型焊接机，这次公司非常满意。

不久，公司大量生产出这种38滴型焊接机，虽然只是一滴焊接剂，但每年却为公司节省了5亿美元的开支。渐渐地，洛克菲勒成为这家公司的高管，后来，通过不断的积累，成为美国第一代亿万富翁。

小事是成大事的基础，只有把小事做好，才能练就做大事的真本事。为此，要想提升自我做事能力，就必须客观公正地看待自己的能力，结合自己的实际情况冷静地选择，从最小的事情上去修炼自己的本事。当你有一天真正强大了，对一件事情熟练到能“生巧”的境界，那你便再也不会因为种种担忧而性急了。

所以，从现在开始，一定要好好沉淀下来，保持沉稳淡定的心态，不要心急，耐心地提升自己的技能和能力。

有一种状态叫作：为即将到来的成功而感到恐慌

卡耐基在《人性的弱点》中讲过一段话：“世界上有一种恐慌，叫作‘对不可预知的成功的恐慌’。我总是在一件事情快要成功的时候，内心就会产生一种情绪和理由让自己放弃，或者亲手把已经做出的成绩搞砸，然后‘理所当然’地放弃。”这样的人，与其说他是因为对不可预知的未来感到害怕和慌乱，不如说其是因为对成功之后随之而来的压力感到恐惧。

对此，卡耐基说出了他的经历：

最近，我打算去做一个成人励志演说家培训，自己先针对某地区去做了一天的市场调查，结果还不错。第二天，我再去做市场调查时，突然间便有了一种莫名的慌张感，不敢再去调研，内心有一种极消极的情绪催促自己放弃。

当我发现调研得出的结果不错时，心中便产生了各种各样的担忧和想法：如果调研反映不错的话，我就需要去找投资商，去找合作伙伴，我从未和人谈过合作，如果我表现不好，被对方取笑该如何是好呢？即便找到了合作伙伴，并与其达成了一致的协议，如果我的演讲内容没有研发好，被听众取笑该如何是好？让投资商受损或失望怎么办……这些想法突然从我的脑中跳出来，阻止我继续调研下去。

同时，这种行为也表现在我追求女朋友上，每次当双方发展得极顺利，快到进行质的变化时，我就不自觉地给自己找理由减少和对方的联系，比如“今天很忙，明天再联系她”之类，一拖就是一个月。然后，就会对自己说：“已经一个月没联系了，对方肯定不会再搭理自己了！”或者，事情发展到该质变时，自己的信心便开始动摇，原本那些果断、自信、幽默、主导一切的气势便会消失，开始变得缩手缩脚、瞻前顾后，让对方原本跟自己在一起的那种安全感消失……

一个人对即将到来的“成功”感到恐慌，是因为他们根本无法确定“成功”会给他们带来什么。他抗拒成功，其实就是保有他在内心里根本不想改变的“现在”。比之“成功”后所带来的种种改变，风平浪静的“现在”最能让自己获得心理上的安全感。

今年26岁的艾米从斯坦福大学商学院毕业后，直接到华尔街一家金融企业工作。在公司，她结识了一些年龄相仿的同事，相处得非常融洽。由于自身条件比较优越，再加上丰富的学识，艾米很快就从同事中脱颖而出。公司的领导私下里告诉她，上面已经决定，准备给她升职，让她担任部门经理。

这突如其来的消息，并没有让艾米兴奋不已，而是令她陷入了深深的恐惧中。“如果我做得太顺利，每个项目是否真的能按时完成，是不是要被领导安排更多的任务？我一个无经验者，能带好一个部门吗？我以后会不会也像我的前任上司那样成为一个日理万机的人，陪客户、带员工……这些事我能应付得来吗？我是不是会忙得没有自己的休闲时间，不能看电影、看书、周末去爬山，和朋友聚会……”这种担忧令她很想去和领导商量，是否另选一个人去担任部门经理。

对很多人来说，与不可预知的成功相比，“现在”的状态是最安全的。从实际上来讲，这样的人对“成功”并没有真正的自信，对事情万一搞砸缺乏必要的心理准备。另外，还有一个极重要的原因，就是这样的人并没有真正想清楚，他要做的那些事情是不是他想要的，如果他尚存犹豫，在他快要做成时，内心的声音就会阻止他，使他恐惧于“成功”的到来，从而找各种理由放弃。

对此，要克服这种恐慌心理，就要坚信自己，同时要摒弃那些消极的意念，并按照计划，努力将你的工作做得尽善尽美。你要记住，那些成功者在任何时候都是专注于当下，到关键时刻敢于承担责任的人。

凡事行动前，先做好计划

通用电器公司前总裁杰克·韦尔奇说："如果你的行动速度不是很快，而且不能适应变化，你将会变得怯懦和脆弱。"这告诉我们，一个人无法适应新的变化，是造成人性急和自卑的原因。对此，卡耐基也有类似的观点，他说："对很多人来说，与其说他是害怕失败，不如说他是害怕成功。因为成功需要付出太多，这令我们望而却步。成功是危险的，总有人会受到伤害；成功会让我们觉得自己不对劲，成功后或许会失去很多朋友……综观这些成功所造成的恐慌，总结来看，我们不难发现这样的事实：成功意味着生活中将面临诸多改变，而这种改变正是我们恐慌的真正原因！"为此，要真正地克服这种恐慌，我们最重要的就是要接纳改变。要真正地接纳改变，就要事先去做好计划，然后快速地付诸行动。

一个内心足够强大和淡定的人，在行动的时候，总是会事先盯紧自己的计划，他们永远有办法去做对自己来说最为重要的事情，对他们来说，计划就是一个排列优先顺序的办法。马克·吐温说过："去除内心慌乱的秘诀，就在于把那些庞杂或棘手的任务，分割成一个个简单的小任务，然后从第一个开始下手。"这是克服内心慌张和恐惧，改变自我命运的捷径之一。

查尔斯·施瓦布是伯利恒钢铁公司的总裁，他曾向效率专家艾维·利求教，如何才能够提高自己公司的管理效率。艾维·利直接递给他一张白纸，告诉他，白纸可以让他公司的业绩提高至少50%。

查尔斯·施瓦布很是不解，说："怎么去做？"

艾维·利说："在这张纸上面写下明天要做的最重要的5件事情，并且用数字标明每件事情对你和公司的重要性次序。这个工作每天大约要花费你几分钟的时间，但却可以大大地增加你的工作效率，从而增加公司的业绩。"

艾维·利接着对他说道："现在，你完全可以将这些纸装进你的口袋之中了。等你明天早上过来上班之后，你要先拿出这张纸条，大致地浏览一遍，一件件地去办，直到完成为止。如果你在办第一件事情的时候，因为遇到棘手的困难，那也没关系，因为你确实在依照你的计划去办了，这就不会让人在做事情之前因为没有头绪而性急。"

由此可见，凡事只要做好计划，将每天的时间都安排和计划好，对改变性急十分有用。

生命的图案是由每一天拼凑而成的，成功人士总是以这样的角度去审视自己的人生，对待自己每一天的生活。在它来临之前，或者是在前一天晚上，他们都会把自己如何度过这一天的情景在头脑中想象一遍，然后再以全新的姿态和淡定沉稳的心态去迎接这一天的到来。有了一天的计划就能够将一个人的注意力集中在"当下"。只有将注意力集中到"当下"的时候，那么，你未来的大目标才会更加清晰，因为你的未来是由每一个"当下"创造出来的。

当然了，除了做好每一天的计划外，我们还要学会做好每一周、每一月、每一年的计划，并按照计划去做，可以让你永远有一个方向感，永远看到自己的远大目标，从而充满信心地实现你的目标。为此，你可以从现在开始，你可以坐下来，查看一下你本月的日历与主要任务的计划表，然后将这些任务一项项地填进你的日历之中，再订出一个计划表来。只要做出一天的计划，一周的计划，甚至一个月的计划，并坚持自己的原因依计划行事，这可以让你在遇到这类事情时不会因为毫无头绪而感到慌乱不堪。如果你能用这种方法去对待你的工作和生活，并且能够长期坚持，你性急的毛病便能从根本上得到改观。